相対性理論の一世紀

広瀬立成

講談社学術文庫

目次

相対性理論の一世紀

はじめに

２００５年は、アインシュタインの特殊相対性理論が発表されてから１００年目であり、またかれの没後50年にもあたっている。各国の物理学会ではこの記念すべき年を「世界物理年」と位置づけ、アインシュタイン関連のさまざまな催しが行なわれる。この機会に、人類の貴重な知の遺産であるアインシュタインの業績を、物理学を専門としない方々にもぜひ知ってもらいたいと考え、本書を執筆した。

20世紀前半に二つの基礎物理学が芽ばえ発展した。量子力学と相対性理論である。量子力学は多くの研究者の共同作業によって構築された学問体系だが、これに対して相対性理論はほとんどアインシュタインひとりの努力によって完成した。アインシュタインは、それまで２００年以上にわたり、何の疑いもなく受けいれられてきたニュートン力学の常識に鋭い疑問の目を向け、自然科学のもっとも基本的な物理量である時間と空間の本質を明らかにしたのだった。

アインシュタインの最大の業績は、相対性理論（特殊相対性理論と一般相対性理論）の完成にあることはいうまでもない。だが、かれの並外れた才能は、相対性理論を超えてさらに大きなスケールの研究へみずからを向かわせた。36歳で相対性理論を完成させたあと、かれは「宇宙論」と「統一場理論」に取りくみはじめる。残念なことに、この二つの研究は失敗作であり、アインシュタインといえども後半生には大きな実りをえることはできなかったというのが、もっぱらの見方である。人生の後半を投入した「統一場理論」は重力と電磁力を統合するという野心にみちた試みだったが未完におわった。宇宙構造を定式化した「宇宙方程式」にいたっては「自分の生涯の最大の失敗」として、アインシュタインみずからが悔やんだほどだ。

筆者は長年、物質や宇宙の究極像を実験によって探る研究にたずさわってきた。「高エネルギー物理学」とよばれるこの分野で、失敗作といわれたアインシュタインの研究が、いままた熱い注目を集めている。実を結ぶことのなかったかれのアイディアが、死後数十年をへてふたたび現代物理学の最前線に登場したのだ。世紀を超えて生きつづけるアインシュタインの洞察力は驚嘆に値する。

本書を執筆するにあたり、筆者は研究のなかで実感しているアインシュタインの先見性に注目した。最新の物質・宇宙の研究に、アインシュタインのオリジナルな発想がどのように関わっているかを展望しようとした。アインシュタインというたぐい稀な天才の研究成果は、たとえそれが失敗に終わったとしても、そこにはなにがしかの、自然界の真理をあばきだす優れた着想を読み取ることができるはずだ。かれが失敗したのは、その研究テーマが当時の知見をはるかに上回っていたためであり、その大もとになったアイディアや方向性はまちがっていなかった。言葉をかえれば、アインシュタインはあまりにも時代を先取りしすぎていたのだ。

これまで相対性理論については、内外で数多くの書物が出版されている。時間や空間の収縮といった常識破りの予測やパラドックスのおもしろさを強調し、特殊相対性理論に重点をおいた書物が多いようだが、しかし本書では、現代物理学との関係を重視して、以下に示すように、これまでの相対性理論の解説書とは異なるアプローチを試みた。

(1)現代の宇宙物理学を論ずるにあたり、一般相対性理論の記述に重きをおいた。とくに、一般相対性理論が完成した直後に発表した宇宙方程式において、自らの直観にしたがって導入した宇宙項が、最先端の物理学に再生している点を重視した。

(2)アインシュタインは、重力と電磁力を統合するという「統一場理論」の壮大な青写真を描き、後半生を費やしてその完成に力をそそいだ。このもくろみが、現代の素粒子物理学においてどのように結実したか、その現状を概観した。

(3)アインシュタインの研究成果については、原論文や一次資料を参照して、事実にもとづく記述をこころがけた。無名の天文学者をまきこんだ１９１４年の日食の観測計画、一般相対性理論をめぐるヒルベルトとの先取権争いといった、かれの研究の人間的な側面についても、関係資料を調査して、できるだけ正確に記述するようこころがけた。

(4)アインシュタインの魅力は、物理学者としての業績ばかりでなく、波瀾万丈の人生と多くのエピソードにある。第1次世界大戦とその後のナチスの台頭、アメリカへの移住、ルーズヴェルト大統領への原爆開発のはたらきかけ、第2次世界大戦後の平和運動など、激動する世界情勢に深く関わりながら、その研究生活は営まれてきた。さまざまな場面でアインシュタインがみせた、豊かな人間性にもできるかぎり触れることにした。

本書では、あくまでも一般読者を対象にして、相対性理論とその発展について概念的な記述を試みた。しかし、特殊相対性理論にあらわれる基本的な成果をより定量的に理解したいという読者のために、最小限の数式は用いることにした。アインシュタインの業績を手っとりばやく把握したいと思われるむきには、数式のある部分を飛ばして読んでいただいても、全体の流れが途切れることがないよう留意した。逆に、もっと先まで勉強したいという読者には、できるだけ詳しい参考書・資料を主要参考文献として示した。

またアインシュタインの宇宙方程式など、宇宙の真理をみごとに射とめた表式はあえて提示してある。その単純な方程式を見ていると、数学的な内容がわからなくても、そこにこめられたアインシュタインの熱いメッセージが伝わってくるにちがいないと考えたからだ。それは、20世紀科学の偉大なモニュメントとして記憶にとどめてほしいという、筆者の願いでもある。

I章　ニュートンからアインシュタインへ

I－1―アインシュタインの詫び状

〈ニュートンよ許したまえ……〉と、アインシュタインは書いている。1949年に発表された「自伝ノート」の一節だ。〈あなたはあなたの時代において最高の思考力と創造力をもった人間に、かろうじて可能であった唯一の道を発見された。あなたの創造された概念は、現在でもなお、われわれの物理学的思考において指導的なものでありますⁿ⁰⁹〉

20世紀最大の物理学者はいったいなぜ、200年以上前の大先輩に許しを請わねばならなかったのだろうか。

*

リンゴが落ちるのを見てニュートンが重力を発見したという話は、信憑性はともかく、じつに明快でわかりやすいし、含蓄にも富んでいる。

アイザック・ニュートン（1642～1727）がケンブリッジ大学で学士号をとったの

は1665年春のことだった。ちょうどこのころからロンドンでは腺ペストによる死者が増えはじめ、その勢いは夏にはいるといよいよ強まり、やがて各地に飛び火する。9月はじめにはケンブリッジでもあらゆる公的集会が禁じられ、ニュートンは故郷ウールスソープに戻り、1667年4月に復学するまで、長く自由な思索の日々をすごすことになる。満22歳から24歳にかけて、ニュートンの〝驚異の年《アンニ・ミラビリス》〟といわれる豊かな実りの季節は、こうしてはじまった。微積分法、無限級数、光学、そして万有引力の法則など、かれの生涯を代表する業績の基本的なアイディアが、つぎつぎと脳裏に湧いてくる。ニュートンみずから〈当時、私は最高の創造期にいましたし、それ以後のどんな時期よりも数学と哲学に専念していた[27]〉と語っているほどだ。

ルネサンス以前の人びとにとっては、天と地はまったくべつの世界であり、それぞれ異なる法則に支配されていると考えられていた。地上ではすべてが不完全で汚れており、いっぽう天界ではすべてが完全で神の栄光につつまれている。だから天体はすべて完全なる立体、すなわち球体でなければならなかったし、天体がたどる軌跡も完全なる円軌道でなければならなかった。

しかし、ガリレオ・ガリレイ（1564〜1642）が自製の望遠鏡で月をのぞいてみると、その表面はでこぼこで、地球と同じように山や谷があることがわかった。月は、かつて信じられていたような完全な球体――鏡面のように磨きあげられた傷ひとつない球体――ではなかったのだ。天の川は無数の星のあつまりだったし、木星の周囲を四つの衛星がまわっているとも判明した。

　ガリレイの同時代人たちは地球を特別な場所とみなしていたが、決していい意味で特別視していたわけではない。地球は、夜空に浮かぶ惑星のように動きまわりはしないし、また光り輝きもしない。完全なる球体でもない。それゆえ地球は、天界に加わる資格のない存在として、宇宙のいちばん低い場所に滓《おり》のように沈んでいるのが似つかわしい、と考えられていたのである。しかしガリレイが望遠鏡で観察したところ、地球は、月や木星などの天体ととりわけ変わったところがあるわけではなかった。〈月は滑らかで平らな表面に覆われているのではない。地球の表面とおなじように、粗くて凹凸にとみ、大きな丘陵や深い谷や褶曲に覆われている[26]〉。そうしてガリレイは、地球が太陽の光を反射して明るく輝いていることも理解した。地球からの照り返し光で、月面が照明されていることに気づいたのだ。かくしてかれは高らかに宣言する。

〈地球は運動と光とを欠如しているという理由で、星の回転から除外しなければならないと主張する人びとがいる。こういう人びとには……太陽光線の地球による反射を、多くの推論と実験とにもとづいて、きわめて有効に証明しよう。そして、地球が遊星であり、輝きにおいて月を凌駕していること、世界の底によどんでいる汚い滓ではないことを示そう。かぎりない自然の理性によって、わたしたちはそれを確認するだろう[26]〉（『星界の報告』161

0年）

ほぼ同じころ、ヨハネス・ケプラー（1571〜1630）は火星の正確な軌道をつきとめようと膨大な観測データと格闘していた。答えがなかなか見つからなかったのは、惑星が完全なる円軌道を描くという古代からのアイディアに強くとらわれていたからだ。しかしケプラーが観測値から割り出したところによれば、火星は、円軌道ではなく、長円軌道を描いていた。

〈潔く認めますが、この長円形は私をぞっとさせました。これはわれわれの科学が始まって以来、天文学者が奉じている円形運動という教義に矛盾するのです。しかし私の整理した証拠は否定し得ません。しかも私は気づきました、火星について言えることは、私たちの地球を含む他の惑星についても当てはまるはずです。そんな見通しを持つと、目の前が真っ暗になりました〉[28]（ファブリチウス宛書簡　1605年）

真の惑星軌道を見いだすために、かれは膨大な計算を行ない、火星が描く長円軌道は完全な楕円《だえん》であることを発見する。ところがこの楕円軌道を観測データをつかって数式化する過程で決定的なミスをおかし、真実から遠ざかってしまうのだ。絶望したかれはすべてを放棄し、こんどは火星軌道が楕円であるという仮説をたて、幾何学的に問題を解くことで、ようやく自分自身が以前に到達していた結論を再発見する。やはり火星の軌道は、完全なる円でも単なる長円でもなく、正確な楕円であったのだ。それを受け入れたとたんすべてのデータがぴたりとおさまり、ケプラーは惑星の軌道周期や運行速度についても、シンプルで美しい法則を見いだすことができた。

〈自分ではそれと気づかぬまま、私はずっと答えを眺めていたのです！　今ではこの問題を明快かつ優雅、真実なる法則として、次のように記述することが出来ます――諸惑星は太陽を一方の焦点とする楕円軌道を運行する〉[28]（同前）

＊

この二人の先達の仕事をもとに、ニュートンは引力や物体の運動に関する法則を築きあげた。考えごとをしながらウールスソープの田園を歩いているうちに、たまたまリンゴの実が落ちるのに出くわし、天啓をえたのかもしれない。ニュートンの発見でなによりも重要なのは、リンゴが落ちるという〝地上の出来事〟と、月が落下せずに地球の周囲をまわっているという〝天界の出来事〟が、同じ〝万有引力〟の法則で説明できたことだ。

ニュートンによれば、リンゴも月も、万有引力すなわち重力で地球に引きつけられている。リンゴが落ちる原因が重力であるというのはわかるが、月が天空に浮かんでいる原因も重力であるというのは、どうも腑におちないと思われる方があるかもしれない。月は地球の約38・5万キロ上空を27・3日の周期でまわっている。秒速約1キロメートルという高速であり、しかもたいそう重い（約7×10の19乗トン）。とてつもなく大きな運動量をもっているのだから、何かが引きとめてやらないと、どこか遠くへ飛び去ってしまうだろう。その何かが重力であり、地球に引きつけるこの力と、飛び去ろうとする力とがつりあって、月はずっと地球の周囲をまわりつづけているのである。

じっさいに計算をしてみると、地球と月の間にはたらく引力のおかげで、月は1秒間に1・37ミリだけ地球に引きよせられる。水平方向に約1キロ進むあいだに1・37ミリ落下するわけだ。いっぽう地表付近のリンゴは1秒間に4・9メートル落下する。つまり月の落下距離はリンゴの3600分の1である。地球の中心との距離を測ってみると、リンゴは地球半径にあたる約6400キロで、月（38・5万キロ）の60分の1。ニュートンの法則によれば、重力は距離の2乗に反比例するから、計算はぴったりあう。こうしてかれは自分の推論が正しいことを確信できた。リンゴも月も、同じメカニズムではたらく力によって、地球に引っぱられている。

熟したリンゴは重力でポトリと地上に落ちる。そのリンゴを拾って水平方向に投げてやれば、数メートル先まで飛んでいく。投げるスピードを上げていくと数十メートル先、さらには数百メートル先と、どんどん遠くまで飛んで、水平射出速度が秒速7・91キロメートルに達したところでリンゴは月と同じく地球を周回する衛星となる。地上のリンゴも、天界の月も、同じ法則にしたがって、同じようにふるまう物体なのだ。

地上界でも天界でも運動法則は変わらないという信念のもとに、ニュートンは運動の三法則を定め、完璧な力学体系をつくりあげた。万有引力の方程式や物体の運動を記述するシンプルな数式を導出し、これらの方程式にもとづいてガリレイの落体の法則やケプラーの惑星の三法則を、純粋に数学的にみちびきだすことに成功した。

I－2 どこでもなりたつ物理学

ルネサンス以前、宇宙が天界と地上界に厳然とわかれていた時代には、たとえ物理学があったとしても、きわめて限定された領域しかあつかうことができなかっただろう。神智が人間には測りがたいのと同様に、天界にはたらく物理法則が地上の人間に理解できるはずはない。天界は神の領域であり、そこではたらく法則について論じることは、物理学者ではなく、むしろ聖職者の役割と考えられたにちがいない。

ギリシア時代にあって天動説が信じられていたころ、アリストテレス（前384～前322）はつぎのような宇宙観を主張した。すなわち、地球をふくむ月より下の世界では万物はうつろい壊れていくが、それより上の世界ではすべては永遠不滅である、と。この発想は、コペルニクスの地動説（1543年）があらわれるまで1800年にもわたり、まったく疑う余地のない常識として、知性ある人びとのあいだに定着していた。

しかし、いまや事態は一変した。この自然界には天界も地上界もない。地球上で確かめられた物理法則は、天体の世界にもあてはめることができる。こうして物理学者たちは地上にいながらにして、行ったこともない太陽系の果ての現象をも論じられるようになった。

地球上にいる物理学者たちは、この宇宙のありとあらゆる場所で通用する自然法則を、予測し、実験し、確認することができる——と、多くの現代人は信じている。しかし考えてみればこれは奇妙なことだ。宇宙のどこでも同じ物理法則がはたらくなんて、いったい誰に確かめることができるのだろう。それこそ万物の創造者たる神にしか確認しようがないのではないか。それでも物理学者たちがそう信じたがる理由はよくわかる。普遍的な物理学が存在するためには、宇宙のどの場所でも同じ物理法則がなりたつことが必要になる。さもなければ、ルネサンス以前の世界に〝天界の法則〟と〝地上界の法則〟があったのと同様に、太陽系の物理学、銀河系の物理学、あるいはアンドロメダ銀河の物理学といったぐあいに宇宙のあちこちで異なる物理学が成立してしまう。

さいわいなことに、つづく2世紀というもの、ニュートン力学は向かうところ敵なしの成果をあげつづけた。ハレー彗星の回帰を予言したり、未知の惑星の軌道を予測したり、天文学の知識が増えるにつれて、ニュートン力学の正しさはいよいよ明確になった。宇宙をあつかう天文学だけでなく、気体分子の運動のようなミクロの世界でも、ニュートン力学は有効だった。多数の分子の運動を力学的に計算し、統計的に処理することで気体の圧力や温度が論じられるようになり、マクロの世界からミクロの世界まで、ニュートン力学は文字通りユニヴァーサルに適用できることが次第に明らかになってきた。じっさい19世紀のはじめには、物理学はすべての真理をほぼ手中にしたと考える学者が少なからずいたようだ。しかし、宇宙はそれほど単純ではなかった。

＊

自然界に存在する「力」は万有引力（重力）だけではない。コハクを毛皮でこすれば静電気がおきて糸くずやチリを吸いつけるし、磁石は鉄片や砂鉄を引きよせる。この二つの力の存在は古代ギリシアから知られていたが、やはりルネサンス以降に本格的に研究されるようになり、やがてシャルル・クーロン（1736～1806）、ハンス・エルステッド（1777～1851）、マイケル・ファラデー（1791～1867）らの発見があいついで、電気力と磁気力が「電磁力」という一つの力の二つの側面であることが明らかになっていく。1860年代になって、イギリスのジェイムズ・マクスウェル（1831～1879）が、電気や磁気に関するいくつかの法則を統合し、電磁場のふるまいを数学的に記述する方程式のセット（マクスウェル方程式）にまとめあげることに成功した。しかし困ったことに、こうして完成した電磁気学は、ニュートン力学と折り合いの悪い部分を含んでいたのである。多くの物理学者たちは、新参の電磁気学を修正してニュートン力学となんとか整合性をもたせようとしたのだが、それは正しいアプローチではなかった。ベルンのスイス連邦特許局ではたらいていた26歳の技術専門職アルベルト・アインシュタインが選んだのは逆のルートだった。かれは電磁気学を採り、ニュートン力学に修正を加えるかたちで特殊相対性理論を打ち立てた。冒頭に引いた詫び状の理由が、これでおわかりいただけたろうか。

＊

２００年以上ものあいだ絶対的な権威として君臨してきたニュートン力学を否定するにあたり、アインシュタインがそのよりどころとしたのは電磁気学だった。電気と磁気をめぐる学問であり、その核心には電磁波すなわち〝光〟の存在がある。光は万物を照らしだし、エネルギーを運び、情報を伝え、地球の生命にかけがえのない恵みをあたえてくれる。しかし私たちのほとんどは、光の存在にあまりに馴れきって、光の〝ふしぎ〟について考えようともしない。アインシュタインはちがった。16歳のとき、かれはこんな疑問にとりつかれる。

光を、光の速さで追いかけたらどうなるだろう……。

光線の先端が、まるで停止しているように見えるのだろうか。そのとき、後方の世界はどう見えるのか……。のちにアインシュタイン自身が語っているように、16歳の少年が抱いたこの疑問こそ〈特殊相対性理論と関連する、最初の無邪気な思考実験[09]〉だった。以下にみるように、光は、相対性理論の構築にきわめて重要な役割をはたした。ニュートンのリンゴに相当するものがアインシュタインにあったとすれば、それは〝光〟だといっていい。

II章　相対性原理とはなにか

II－1　はじめに原理ありき

ニュートン力学を否定したからといって、アインシュタインがニュートンをおとしめたと考えるのはあたっていない。アインシュタインが求めていたのは、なによりも普遍的な物理学だった。この宇宙《ユニヴァース》のどこででもなりたつ、文字通りにユニヴァーサルな物理学が構築できなければ、物理学をやっている意味がない。ではそのために、物理学者はどんな立脚点からスタートすべきか。さまざまな基本的な問題を熟考したうえで、アインシュタインは自分の物理学の出発点として二つの原理を採用することにした。「相対性原理」と「光速度不変の原理」である。この二つの原理は「相対性理論」の前提となるもので、難解な数式などはいっさい出てこない。一種の信仰表明といったほうがいいかもしれない。

原理というのは、理論を構築していくための前提だ。その上に議論を積み重ねていく礎石となるわけだから、誰がみても正しいと思う〝自明の理〟を選ぶ必要がある。たとえばユークリッド幾何学なら「同じものに等しいものはたがいに等しい」とか「全体は部分より大きい」などといった、疑いようのない命題を公理として最初に定め、これを足がかりにさまざまな定理を証明していく。つけ加えておくと、最初に採用した原理からどれほど多くの定理や法則が証明されたとしても、原理そのものの真偽が証明されることはありえない。それが原理というものの性質であって、その原理を採用するか、それとも拒絶するかの二者択一からすべてがスタートする。信仰表明といったのはそのためだ。論理的なステップでいえば、アインシュタインは、

⑴「相対性原理」と「光速度不変の原理」を出発点として選び
⑵この上に「相対性理論」を構築した

ということになる。特殊相対性理論が発表された当初、風当たりが強かったのは、理論の難解さや、そこから導かれる異常な帰結にもよるが、アインシュタインが採択した原理を自明のこととして納得できない学者が少なくなかったからである。今日ではほとんどの物理学者がアインシュタインの原理を妥当なものとみなしているけれど、なかにはべつの〝信仰〟に走る研究者もいる。前提が異なるわけだから、かれらが構築する物理学はアインシュタインの物理学とはちがったものになる。抽象的なイデアの世界をあつかう幾何学のばあいには、

ユークリッド幾何学と非ユークリッド幾何学は対等のものとして両立しうるが、物理学はちがう。物理学があつかうのは現実の世界であり、理論の当否は、その理論がどれだけ現実の宇宙と適合するかで判断される。相対性理論の発表から1世紀のあいだに宇宙を観測する私たちの技術は途方もない進歩をとげたが、いまだにアインシュタインの理論を放棄させるような観測データはみつかっていない。

さて「原理」と「理論」のちがいについてはほぼこれで理解していただけたろうと思うが、もうひとつ覚えておいていただきたいことがある。アインシュタインは１９０５年に特殊相対性理論を発表し、それを拡張して１９１５年に一般相対性理論をつくりあげた。特殊というのは「ある特殊な条件下でのみ適用できる」という意味であって、より一般的な条件下での物体の運動や力学をあつかうには、さらにステップアップした「一般相対性理論」が必要だったからだ。ニュートン力学から特殊相対性理論へ、そして一般相対性理論へという、どちらも超人的な2段階の跳躍を、アインシュタインはほとんど独力でなしとげた。科学史には複数の学者が協同して理論を構築したり、二人以上の研究者がほぼ同時に正しい結論にたどりつくといったケースが少なくない。同じ問題をめぐって大勢の研究者がしのぎを削っているわけだから、それも当然だろう。相対性理論のばあいも、多くの学者がさまざまなアイディアを発表し、たがいに刺激しあいながら、真実への一番のりを争っていた。しかし特殊相対論も一般相対論も、最初にゴールにたどりついたのはアインシュタインだった。

単に相対性理論といったときには、どちらの理論（あるいは両方）をさすのかをはっきりさせておく必要があるが、当面は「特殊相対性理論」について議論を進めよう。

Ⅱ–2 時間・空間・運動の相対性

まず時間と空間の決め方にふれておこう。というのはアインシュタインの相対性理論は（特殊相対論も一般相対論も）、時間と空間についての理論だからである。一見ありふれた命題のなかに、相対性原理への糸口が隠されているのだ。

「サッカーボールは大きいか？」と問いかけられたとしたら、あなたはどう答えるだろうか。野球やゴルフをやっている人は、サッカーボールは大きいと答えるだろう。だが、地表を眼下にみながら飛行するパイロットは、サッカーボールなどまったく取るにたりない微小なものだというにちがいない。なるほど、大きさというものは相対的なものであり、比較する対象によって変わりうるものなのだ。

いまかりに宇宙にあるすべてが――人間も、目の前にある机も家も、木々も自動車も、星も銀河もふくめた宇宙のすべてが――2倍の大きさになったとしたら、私たちはそれを認識できるだろうか？　答えは「ノー」だ。なぜなら、長さを測る基準となるものさしも2倍の長さになってしまうのだから。2倍になった机の高さを、長さが2倍になったものさしで測っても、計測値はもとのままだ。さまざまなケースを想定してみればわかることだが、空間の距離を決める絶対的な方法は、残念ながら存在しない。

では時間はどうだろう。人間の寿命は、1年しか生きられない昆虫に較べたら、ひじょうに長い。しかし46億年という地球の歴史と比較すれば、まるで一瞬でしかない。時間の長さもまた、それを測るためには何かほかのものと比較しなければならないのだ。たとえば地球が太陽のまわりを1周（公転）する時間が1年、地軸のまわりを1回転（自転）するのが1日（正確にいうと1恒星日すなわち23時間56分強）というように。

空間の膨張の問題と同じように、時間が進むテンポが2倍にスピードアップしたと想定してみよう。あなたの目に映る人間や自動車や風に揺れる木々などは、いずれも早まわしの映像のように2倍の速さで動くように見えるのだろうか……。いや、そんなことは決してない。人間の心臓の動きも脳のはたらきも、すべてが2倍の速さになるとすれば、あなたは、まわりのスピードが2倍になったことを感知できないはずだ。空間のばあいと同じように、時間もまた相対的であり、その絶対的な値を決める方法は存在しない。

しかしあなたは、つぎのような疑問を発するかもしれない。距離や時間の基準となる尺度、たとえば、いま私たちがやっているように、1メートルとか1年とかいった単位を決めておけば、その基準単位との相対的な比較から（あらゆるばあいにおいて）距離と時間の値を「絶対的」に決定することができるのではないか、それで何か問題はあるのか、と。そこで考えていただきたいのは、基準となる尺度がいかなるばあいにも不変であるかどうか、ということだ。宇宙にあるすべてのものの大きさが2倍になれば、長さの単位となるメートル原器の長さもやはり2倍になってしまう。こうした、空間や時間をまるごと2倍にしてしまうような変化を、その時空間の内部にいる人間は感知することができるだろうか？　実りのある議論とは思われないかもしれないが、まさしくこの点こそが相対性理論の核心なのだ。

*

　こんどは運動している物体を考えよう。ある物体が一直線上を同じ速さで走るとき、これを等速度運動とよぶ（「速度」は運動の方向もふくむ概念であり、「速さ」は「速度」の大きさのみをいう。以下では問題のないかぎり、速さと速度を区別しない）。等速度運動する物体の速さは、「移動した距離」を「所要時間」で割れば、簡単に計算できる。たとえば４５０キロメートルを3時間で走る列車の速さは時速１５０キロ、１００メートルを10秒で走る短距離ランナーは秒速10メートルというように。では、距離や時間を考えたときと同様に、速さの絶対的な値を決めることはできるのか、と問いかけてみよう。距離と時間が相対的なものならば、この二つの数値から計算される速さもまた相対的だとみるのが妥当と考えられるが……はたしてほんとうにそうなのか？
　いま東京から大阪に向けて、時速３００キロメートルで等速度運動する新幹線があるとしよう。以下でもそうだが、ここでは現実の東海道新幹線とはちがって直線上を一定速度で運動する「理想化された列車」を想定する（現実の新幹線は、東京駅を出発するとすぐゆるやかにカーヴするし、スピードも上げていく。つまり等速度運動しているわけではない）。物理学者は、このような理想化された現象を想定し、そこから本質的な法則を抽出するという手法をうまく利用する。頭のなかで行なわれる仮想的な実験であるから「思考実験」とよばれるが、とりわけアインシュタインはこのスタイルを好んだ。かれの思考実験には、紙とペン、それに愛用のパイプがあれば十分で、あとは静かな環境があれば何時間でも実験に没頭することができた。思考に熱中するあまり、自分が風呂にはいっていることすら忘れるほどだったという。

時速300キロメートルで等速度運動する新幹線の思考実験にもどろう。このときの速度とは、地球上に静止する人が測った速さである。この新幹線を時速100キロメートルで追いかける自動車のドライバーから見れば、新幹線は時速200キロメートルで走っているようにみえるだろう。この自動車が、新幹線と対向して時速100キロメートルで走るとすれば、ドライバーは新幹線を時速400キロメートルと観測するはずだ。では新幹線と同じ方向に時速300キロメートルで走ったばあいはどうだろう。もちろん新幹線は静止してみえる。新幹線のなかにいる乗客がまさにこの条件にあてはまり、だからこそ新幹線のなかでも、乗客たちは、地上にいるのとまったく同じように、コーヒーやビールをコップに注いで飲むことができるのだ。新幹線の速度は、それを測定する観測者の運動速度によって、いかようにも変化することがわかる。

おおかたの読者は、右のような思考実験が、静止した大地の上で行なわれていると考えるのではなかろうか。新幹線と自動車の相対速度がどうであれ、どちらも大地に対して運動している、と。しかしアインシュタインはそう考えない。新幹線の乗客たちは「新幹線は止まっており、地球が大阪から東京に向けて時速300キロメートルで走っている」と主張するはずだ、というのがアインシュタイン流の思考である。そんな馬鹿な！——と地上に立つ観測者は一笑に付すだろう。しかしアインシュタインは、この一見非常識とも思える主張のなかに、自然の基本法則を解きあかす鍵がひそんでいることを直観したのだ。

なるほど、列車が止まっていて地上が動く、という主張は非常識かもしれない。地球上で誕生し、数百万年という長い歳月を地上で生活してきた人間にとって、地球は特別な場所であるにちがいない。このような地球に対する愛着こそが、地球中心の宇宙観を導く基本的な動機となったのだ。だが、自然科学はあくまで客観的に宇宙を見渡し、地球を特別あつかいしない。その冷徹な眼差しは、地球が太陽のまわりをめぐる惑星の一つであり、その太陽ですら2000億もの星々からなる銀河系の一員にすぎないことをあばき出す。宇宙は「どこにも特別の場所はない」という意味で、一様なのだ。この立場をとりあえず「一様説」とよんでおこう。

新幹線の思考実験を、べつの状況で行なってみよう。等速度運動する新幹線（時速300

キロメートル）と自動車（時速100キロメートル）を、地球を離れて、無重力状態の宇宙空間に浮かべてみるのだ。何もない暗い宇宙空間では、新幹線の乗客たちは、自分たちが動いているという証拠をどこにも見出すことはできない。そのとき前方から自動車がやってきた。乗客たちは（自分たちは静止しているのだから）、自動車が時速400キロメートルで近づいてくると考える。同様に、自動車のドライバーも（自分は静止しているのだから）、新幹線が時速400キロメートルで等速度運動していると思う。では、ある観測者から見て、新幹線が時速250キロメートル、自動車が時速150キロメートルで近づきつつあるばあいはどうだろう。このときも新幹線から見れば自動車は時速400キロメートルで向かってくるし、自動車から見れば新幹線が時速400キロメートルで近づいてくると観測するだろう。宇宙空間という舞台においては、認知しうるのは相対速度だけであり、それぞれの物体の速さは、測定する基準をどこにおくかによって、いかようにも値をかえる。相対速度を決めるのに、新幹線と自動車のどちらに優先権があるのか、という疑問は意味をもたない。同じ議論は、地球と新幹線の相対速度を決めるばあいにもあてはまる。地球を基準として運動する物体の動きを記述する——すなわち、地球を特別の場所とみなすという独善は許されない。新幹線の乗客は、大阪が時速300キロメートルで近づいてくると、確信をもっていうことができるのだ。

II-3　慣性系――特殊相対性原理の足場

ここで、これからの議論の理解を助けるために、以上の話を少しだけ物理学のことばを使って整理しておこう。物体が存在している場所、あるいは、ある物理現象がおこった場所を表示するのに、座標系が用いられる。たとえば平面上に二つの直交した座標軸、x軸とy軸を設定すると、平面上のすべての場所はxとyの値で示すことができる。通常はx軸を横軸に、y軸を縦軸にとる。2本の軸が交わった点を原点とよび、その座標は$x=0$、$y=0$である。これを（0、0）のようにあらわすこともある。平面（あるいは曲面）は縦と横の広がりをもつので――平面上の点は二つの量（x、y）であらわせる――その「次元」は2次元となる。また直線は長さの方向にだけ広がりをもつから1次元、空間は縦・横・高さの3方向に広がりをもつので3次元という次元をもつ。平坦で一様な空間はユークリッド空間とよばれ、3本の直交する軸（x軸、y軸、z軸）であらわされる。

いま大地に対して等速直線運動する列車の上に、3次元座標系Aを設定する。原点はどこにとってもよいが、観測者（列車のなかに静止している）の場所をとるのが便利である。こうすると、列車のなかのあらゆる場所は、この座標系を使って示すことができる。この座標系Aは列車上に静止しているのだから、列車とともに等速度運動する座標系だ。いっぽう地球上にもべつの座標系Bを設定することができる。AとBはたがいに時速300キロメートルで直線上を等速度運動しており、〝一様原理〟に立てば、AとBにはどちらかがより基本的だという格差はなく、両者はまったく対等である。このばあいのAとBのように、たがいに等速度運動する座標系を「慣性系」とよぶ。

＊

「慣性」とは、物体が運動状態をそのままに保とうとする性質のことである。外部から力が加わらないかぎり、静止している物体は静止しつづけるし、運動している物体は等速度で一直線上を運動しつづける。これが「ガリレイの慣性の法則」とよばれるもので、ニュートン力学の第一法則に採用されている。運動学の基本則と考えていい。座標系Aと座標系Bが「慣性の法則」にのべられた運動状態にあるとき、すなわち「等速直線運動」をしているときに、この二つの座標系は「慣性系」であると定義できる。等速直線運動の速さや方向は任意の値をとりうるから、慣性系は無限にあることがわかる。でもなぜ、そんなややこしいことを考える必要があるのだろう。理由は、この宇宙のなかでは、観測者がつねに運動をしている可能性があるからだ。たとえば地球上の人類は、同時に左のような運動をしている。

(1)地球の自転――地軸を中心とした回転運動。
(2)地球の公転――太陽の周りの周回運動。

(3)銀河の自転——太陽系は天の川銀河の辺縁部にあり、銀河の中心を軸として回転している。
(4)銀河間の相対運動——天の川銀河と、隣接するアンドロメダ銀河とは接近しつつある。

これら四つの運動を組み合わせた、ものすごく複雑な動きをしているにもかかわらず、私たちは自分が静止している、と感じている。自分のいる座標系を基準として宇宙を観測し、そうして得られたデータにもとづいて物理学を組み立てる。たとえばアンドロメダ銀河の物理学者も同じように、自分の座標系で宇宙を観測しつつ、データに合致する物理学を組み立てているだろう。地球の座標系と、アンドロメダの座標系がどんな相対運動をしているのかはわからないけれど、宇宙のどこでもなりたつ普遍的な物理学なるものが存在するならば、その物理学はどちらの座標系でもなりたっていなければならない。

そこでまず、もっとも単純な座標系どうしの相互運動について考察してみるのが得策だろう。慣性系がそれにあたる。外部からの力がはたらかないということは、加速も減速もしないということだ。外力が加わらなければ運動の方向も変化しないから、いつまでも直線運動をつづける。二つの座標系が相対的に静止していてもいいわけだから（このとき相対速度はゼロになる）、これ以上シンプルな相対運動は考えられない。先にのべたように、慣性系は無限にあるのだが、普遍的な物理学がなりたつためには、そのすべての座標系が物理学的な

意味で対等であることが要請される。言葉をかえると、

「すべての慣性系で、物理法則は同一の形式で書きあらわされる」

ということだ。これがとりもなおさず、アインシュタインの「相対性原理」なのである。いささか拍子抜けされたかもしれないが、原理というのは、このように基本に忠実で、当然すぎるほど当然な命題が選ばれる。アインシュタイン以前の物理学、ニュートン力学にも同様の相対性原理（ガリレイの相対性原理とよばれる）があったのだが、それは、

「すべての慣性系で、力学法則は同一の形式で書きあらわされる」

というものだった。見くらべていただければわかるが、アインシュタインは「力学法則」を「物理法則」に書きかえただけである。しかしこの小さな変更が革命をもたらした。力学的な現象に限られていた相対性原理を、電磁気学的な現象をもふくむ物理現象にまで拡張して適用したところが画期的なのである。なぜアインシュタインは、その一歩を踏みだせたのだろう。かれ自身の語るところによればこういうことになる。

〈ファラデーとマックスウェルの電気力学がでるに及んで、長くためらっていた物理学者たちも、しだいに、物理学の全体はニュートン力学で説明できるという可能性への確信を捨てていった。というのも、この理論とヘルツの実験によるその証明とが、本質的にいかなる秤量可能な物質とも無関係な電磁気現象、すなわち、真空中の電磁「場」からなる波動が存在することを示してくれたからだった。もし、力学を物理学の基盤として保持しようとするな

らば、マックスウェルの方程式をも力学的に解釈しなければならなかった。これは、きわめて熱心に試みられたが成功をみず、その一方で、この式がますます有効なものであると判明していったのである。この場は、その力学的性質を証明する必要もないままに、独立な実体として扱われるのが普通になってしまった。／こうして物理学の基盤としての力学は、ほとんど気づかれないうちに捨て去られていったのである(09)〉

マクスウェルが電磁場の理論をつくりあげたのは1860年代半ばであり、その理論から予測される電磁波の存在がハインリヒ・ヘルツによって実験的に確かめられたのは1888年のことだった。しかしそれ以前から電気の利用は急速に進み、通信の分野でいえば1835年にはモールスことサミュエル・モースが有線電信機を発明し、1876年にはグラハム・ベルの電話機が登場し、さらに1895年にはマルコーニが無線通信実験を成功させた。1879年には白熱電球が発明され、1881年には電気鉄道が開通し、かくて電気は一般の人びとの生活を急速に変えていく。電気をめぐるこうした技術開発の理論的基盤を支えたのはもちろんマクスウェルの電磁気学だったけれど、それが古典力学とどう整合性をもつかなどといった議論は、おそらく誰も興味をもたなかっただろう。アインシュタインがいうように、電磁気学は、ほとんど気づかれないうちに物理学の基盤に居すわっていたのにちがいない。

II－4｜光速度不変の原理

アインシュタインが特殊相対性理論の出発点としたもう一つの原理は「光速度不変の原理」すなわち、

「ある慣性系から眺めたとき、いかなる光の速度も、光源の速度に関係なく、つねに一定である」

という主張だ。光速度の不変性については実験的にはどうやら確からしいことが当時わかってはいたけれど、これを原理として採用できるほど確固たる事実だと信じた物理学者は、アインシュタインをおいてほかにない。光の追跡をめぐる16歳の無邪気な思考実験から、かれはなにを得たのだろうか。先にあげた「自伝ノート」にはつぎのように書かれている。

〈もし光速度cで光を追いかけるならば、私はこの光線を静止した、空間的に振動する電磁場として知覚するはずだ。しかし、そのようなことは、経験に基づいても、マックスウェルの方程式で考えても、ありうるとは思えない。そのような観測者から判断すれば、すべてが、地球に対し相対的に静止している観測者におけるのと同じ法則に従って起こるにちがいないと、私は初めから直観的に信じていた。なぜといって、そうでなければ前者の観測者は、自分が高速の等速度運動の状態にあることを、いったいどのように知る、つまり確認す

ることができるというのであろうか[09]〉

結論をいってしまえば、アインシュタインは、光に追いつくことは不可能だと判断した。たとえ光速の99パーセントのスピードで飛行できるロケットにあなたが搭乗しているとしても、後方からきた光は、そのロケットを「光の速さ」で追い抜いていく。光は、光源の運動や観測者の運動にかかわらず、どんな慣性系に対してもつねに一定の速度をたもつ。アインシュタインが採用したこの「光速度不変の原理」は、一見きわめて異様な主張だと感じられるけれど、普遍的な物理学をあみだすには、どうしても必要な前提であることが、おいおいわかっていくだろう。

特殊相対性理論によれば、真空中の光速はつねに一定であるばかりでなく、なにものも光速を超えて運動することはできない。つまり光速が宇宙の最高制限速度である、と相対性理論は主張する。これは必ずしも理解しにくいことではない。超光速ロケットの思考実験をしてみればいい。たとえば光速の2倍で飛ぶロケットで12時ちょうどに地球を出発し、地球時間の13時に目的の惑星に着陸したとする。地球を出た光がこの惑星にたどりつくまでに2時間かかるから、パイロットが超高性能の望遠鏡で地球をふりかえると、そこに見えるのは11時の地球だ。まだロケットは発射台に待機しており、その操縦席にはパイロット自身が乗りこんでいる……。つまり一人の人間が同時にべつの場所に存在していることになってしまうが、これは物理学では由々しき問題だ。物理学は原因と結果をめぐる学問である。ロケットが地球を出発するという原因があり、パイロットが目的地に到着するという結果がある。原因が先で結果がそれにつづくというこの因果関係は、決して入れかえることはできない。ロケットの速度をさまざまに変えて思考実験してみれば、移動速度が光速を超えたところで、因果関係の逆転がおこることがわかるはずだ。まず結果があり、それから原因がおこるような世界で物理法則がなりたつはずはないから、光速の制限速度は、物理学が存在するための絶対に欠かせない要件であるといえるだろう。

II－5｜光の研究史

さて、光は相対性理論の構築にどう関わっているのか――それを考える前に、まず人類が光をどうとらえてきたか、その歴史をふりかえってみよう。

ギリシア、ローマの昔から、光は好奇な人びとの興味をひいてきた。アリストテレスは「気象論」で虹を論じ、ユークリッドは光の直進や反射を研究した。中世のキリスト教神学者たちは、天地開闢《かいびゃく》の第一声「光あれ」の「光」と、創世記第4日目につくられた太陽や星の「光」が同じものであるのかどうか、延々と果てない考究をつづけた。まるいガラス板の中央を厚く辺縁部を薄く、ちょうどレンズ豆のかたちに磨きあげると、小さな昆虫や読みにくい文字を拡大して見ることができる。中世には、このガラス・レンズを使った実証的研究も進み、13世紀の末には眼鏡が登場して、老境の読書家を喜ばせた。

ルネサンス以降の科学者たちは、光の性質だけでなく、その本性についても深い思弁をめぐらせた。ガリレイは光を微小粒子と考え、ニュートンも同じく粒子説の立場に立った。光の本質は粒子であり、これが弾丸のように空間を飛行することで、光が伝播していくとする考えだ。これに対してルネ・デカルト（1596〜1650）は、光とは宇宙を満たすエーテルを伝わる渦運動、ないしはその運動を生じさせるものととらえた。光は水面の波のように空間を伝播していくとする、この「光の波動説」は、オランダのクリスティアン・ホイヘンス（1629〜1695）に引きつがれ、発展していく。光の粒子説と波動説をめぐる対立はなかなか決着がつかなかったが、17〜18世紀の自然科学界に圧倒的な影響力を発揮したニュートン力学の威光もあってか、19世紀を迎えるころには粒子説が優勢だった。

ニュートンはプリズムの実験を行ない、7色にわかれた光の縞模様を「スペクトル」と名づけ、またニュートン・リング（板ガラスと凸レンズを重ねると同心円の縞模様があらわれる現象）を発見するなど、光学にも大きな貢献をしたが、かれの光の理論は複雑で、万有引力の理論のように明快なものではなかった。光の屈折やニュートン・リングのような現象には波動説のほうがシンプルで明快な説明をあたえることができるのだが、ニュートンは粒子説を捨てようとはせず、光の屈折についても、ガラス中の光速が空気中の光速よりも速いとすれば、プリズムなどの屈折現象が説明できると主張した。ニュートンの仮説にしたがえ

波の干渉

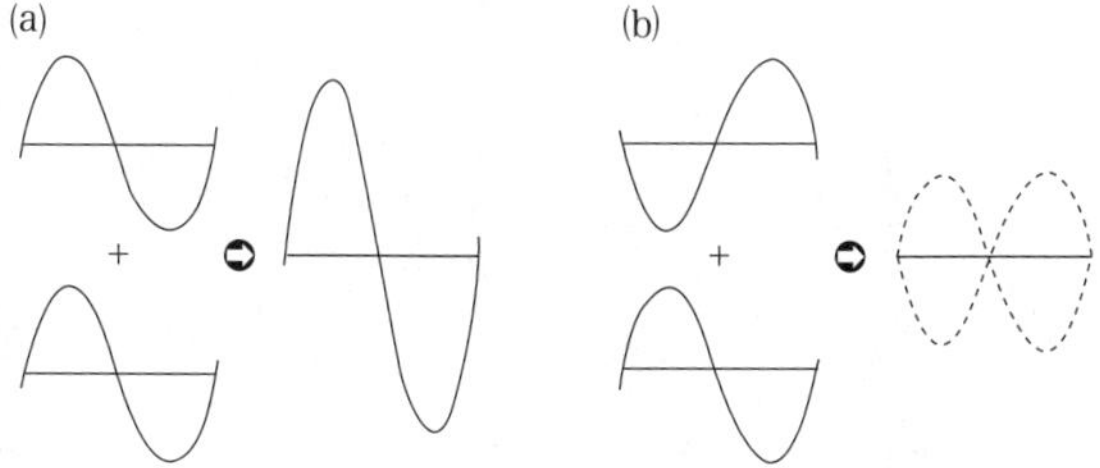

複数の波動が重なると、干渉をおこす。山と山が重なると強めあい(a)、山と谷が重なると波は消えてしまう(b)。

干渉縞

2つのスリットを通りぬけた光の波は、干渉しあってスクリーンに明暗の縞模様を描きだす。この現象を利用して、トマス・ヤングはきわめて鋭敏な観測装置をつくりあげた。

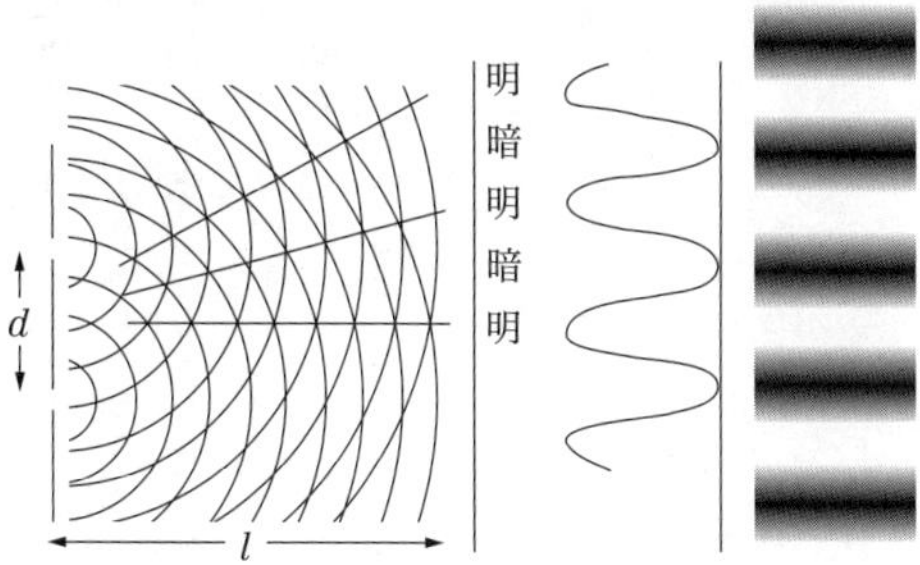

ば、光を伝播する媒質の密度が高くなるほど光速は大きくなるはずだが、これを実験的に確かめることは、当時の技術では不可能だった。

19世紀の前半、トマス・ヤング（1773〜1829）は光の干渉の実験を行ない、光の波動としての性質を浮かびあがらせた。干渉というのは、波と波とがたがいに影響をあたえあうことである。水面に小石を二つ投げこむと、それぞれの波紋がぶつかりあって複雑なパターンを描く。反対方向からやってきた波の山と波の谷とがぶつかると、打ち消しあって水面は平らになるし、山と山、谷と谷がぶつかったばあいには強めあって、より大きな山や谷が水面に生まれる。シャボン玉や油膜が虹色に輝くのも、この干渉作用ですっきりと説明ができる。ヤングの実験では、二つのスリットをくぐりぬけた二条の光が、スクリーン上にはっきりとした明暗の縞模様をつくることが示された。二条の光の、いっぽうの「山」と他方の「谷」が打ち消しあった部分が暗くなって、ストライプ模様が生じたのである。粒子説では説明できない現象だから、ヤングの研究以降、粒子説と波動説の立場は逆転した。

II-6 光の速度を測る

光の本性とならんで、人びとが知りたがったのは、光の速度だった。17世紀には多くの科学者が、光は瞬時に伝わる、すなわち光速は無限大だと信じていたが、なかでガリレイは光速の大きさを測定する実験を果敢に試みたことで知られる。かれが信じたように光が微小粒子だとするなら、弓矢や弾丸のように有限の速度をもつと考えるのが、たしかに合理的だろう。ガリレイの実験では、ＡＢ二人が遠く離れてたつ。まずＡがランプの覆いをとり、Ｂはその光が見えた瞬間、自分のランプの覆いをとって〝光の返信〟をＡに送る。こうしてＡは、光がＡＢ間を往復する時間を測定できるはずだったのだが、実験は失敗した。光速が速すぎて測定できなかったのだ。

はじめて光速度の測定に成功したのは１６７５年、デンマークの天文学者オーレ・レーマー（１６４４～１７１０）だった。レーマーは木星の衛星を観測することで、ガリレイ以来の難題を解決したのだ。木星と地球との距離は刻一刻と変化しており、最大で約３億キロメートルちがう。木星を周回している衛星イオの公転周期は規則的（約42・5時間）だから、一種の正確な時計とみなせる。イオが定期的に発している〝時報〟（イオが木星の陰に入る衛星食を利用した）が地球に到達するまでの時間は、地球と木星間の位置関係に依存し、遠く離れているほど大きな遅れがでる。レーマーは地球と木星との距離が遠ざかるにつれて遅れが大きくなり、その最大値が22分であることを確かめた（最遠点をすぎて、近づきつつあるときには遅れが小さくなっていく）。現在の測定値によれば光が３億キロを走るのに要する時間は16・7分だから、約25パーセントの誤差がある。それでも光速が有限であると指摘しただけでも、まことに有意義な成果だったといえるだろう。

天文現象を利用した光速の測定はその後も試みられ、精度は次第に向上した。そうしたなかで１８４９年、フランスの物理学者アルマン・フィゾー（１８１９〜１８９６）は歯車の回転を利用して大気中の光速を測定し、これが地球上で光速測定に成功した最初となった。結果は秒速31万５３００プラスマイナス５００キロメートルだった。翌年、フランス人レオン・フーコー（１８１９〜１８６８）が回転する鏡を用いて水中での光速測定に成功し、光の伝播媒質の密度と光速に関するニュートンの仮定が誤りであったことを示した。水中では、光の速度はむしろ空気中より遅くなることが判明したのである。

こうして光の波動説が勝利をおさめたのだが、問題はそれで解決したわけではない。海の波にしても、空気中や水中を伝わる音波にしても、波動がひろがっていくためには、それを伝達する媒体となる物質、すなわち媒質が必要だ。太陽からの光線は真空の宇宙空間を伝わって地球に到達する。とすれば、宇宙空間は実際には空っぽなのではなく、光の波動を伝達するなんらかの媒質で満たされているにちがいない。人びとはこの未知の媒質を、デカルトにならってエーテルとよび、その検出に力を入れはじめた。

宇宙を満たす幻の元素が存在するという発想は、２０００年以上昔のギリシア時代にさかのぼる。アリストテレスは、月より上のいわゆる天上界には「アイテール」とよぶ元素が存在することを想定していた。宇宙の特別な場所にだけ高貴な物質が存在するという古代の考えかたは、17世紀に入ると大きく変化した。デカルトは、宇宙を満たす物質は神があたえた運動のため断片にちぎれて無数の渦が生じ、そこから3種の粒子があらわれると考えた。すなわち、最も微細な粒子（第一元素または火の元素）、これより大きい粒子（第二元素または気の元素）、および最も粗大な粒子（第三元素または地の元素）で、このうち「気の元素」が先にのべたエーテルとよぶ光の媒質だ。かれは、光源がエーテルに圧力を加えると、その圧力は瞬時にエーテル内を伝わると考えた。長い棒の一端を押せば、他端も同時に動くだろう。同じように光線は一瞬にして無限の彼方まで伝わるというのである。

オランダのホイヘンスも〝エーテル説〟に立ったが、光の伝播には時間を要すると考えた。きわめて硬い物質でできた球をいくつか接触させて一直線に並べ、先頭の球を打つと、運動は〈あたかも時間を要しないかの如くに[31]〉伝わり、最後尾の球が列から離れる。中間にある球は動かず、その場で振動することで運動を伝えていく。この球にあたるのがエーテル微粒子で、光もこれと同じメカニズムで伝播する、と考えたのだ。1690年に発表された『光についての論述』によれば、エーテル微粒子は、広大な宇宙を満たす〈空気よりずっと小さな粒子〉であり、透明物体のなかにも入りこんで光を伝える。しかもそれらは、きわめて小さいながらすべて均等な大きさをもち、〈我々が欲する程度に完全な硬さに近い物質でできており、我々が欲する程度にすばやく反発する[31]〉という。なんとも奇妙な物質と思えるが、しかしそれは、光の媒質が満たすべき性質をホイヘンスが正しく理解していたことを示している。こうして、その後の光研究では、エーテルは光の媒質という重要な役割を負わされることになったが、光についての理解が進めば進むほど、エーテルをめぐる謎は深まっていった。

そうしたなか、1860年代になって、光の研究は思いがけない進展をみせた。光は電磁波であることが判明したのである。ブレイクスルーは、電磁気学の領域からもたらされた。

II-7――マクスウェル方程式

コハクを毛皮でこすると静電気が発生し、髪の毛やチリをひきつける。古くから知られていたこの自然の力を、ギリシア語でコハクを意味する「エレクトロン」にちなみ「ウィース・エレクトリカ＝電気力」と名づけたのは、女王エリザベス一世の侍医となったウィリアム・ギルバート（1544～1603）だった。かれは電気および磁気の研究を行ない、地球は大きな磁石であると主張した。その後しばらく電気の研究ははかどらなかったが、1800年にイタリア人アレッサンドロ・ヴォルタ（1745～1827）が電池を発明し、定常電流が簡単にえられるようになって以降、急速に発展した。ヴォルタは電圧の単位「ボルト」に名を残し、ドイツ人ゲオルク・オーム（1789～1854）は電圧と電流と抵抗のあいだに《電圧＝電流×抵抗》という関係がなりたつことを示し、抵抗単位「オーム」に名をとどめた。フランス人シャルル・クーロンは、電荷の間に（および磁荷の間に）はたらく力を「クーロンの法則」として定式化し、電気量の単位となるの栄誉をえた。1820年は電磁気の研究史上もっとも実りの多い奇跡の年で、デンマークのハンス・エルステッドは電流が磁気を発生させることを発見し、フランスのアンドレ・アンペール（1775〜1836）は電流の流れる2本の電線の間にはたらく力（引力および斥力）の法則化に成功した。フランスのジャン・ビオ（1774〜1862）とフェリクス・サヴァール（1791〜1841）は電流と磁場の強さとの関係式を確立し、この1820年の年末には電磁石が発明されるというオマケもついた。

以上の発見からもわかるように、電気と磁気はどうやら密接に関係しているらしいのだが、エルステッドの試みとは逆に、磁場から電流を生みだす実験はなかなか成功しなかった。定常電流が流れている電線の周囲には磁場が発生するのに、その逆に、定常的な磁場が存在するだけでは電流は発生してくれない。しかしついに1831年、イギリスのマイケル・ファラデーが電磁誘導の現象を発見した。かれは電線のまわりで磁石を動かしてみた。すると磁石を動かした瞬間にだけ、電線に電流が流れたのだ。磁石の動きが止まると、もう電流は流れない。磁場が変化する、そのときにかぎり電流が発生するのである。そして電流が変化するときには磁場が変化する。実験装置の磁石を動かした瞬間のみ、あるいは回路のスイッチを入れた瞬間にだけ、電流計の針がふれたのをファラデーは見逃さなかった。重要なのは、定常的な電気や磁気が存在することではなく、電気や磁気が〝変化する〟ことだった。電磁誘導は、疑いなく19世紀の最も偉大な科学的発見のひとつだが、一般にはファラデーというと『ロウソクの科学』の著者といったていどの認識しかもたれていないのはさびしいことだ。ベルリンのアインシュタインの書斎には、敬愛するニュートン、ファラデー、マクスウェルの肖像が飾られていたという。ファラデーはまた、磁気や電気を理解するために「場」の概念をもちこみ、電気力線や磁力線を用いて電磁気現象を説明した。空間に、ある種の変化が生じることで力が伝わっていくとする、近接作用の考え方だ。電場および磁場という概念（というより物理的実在）は、その後の物理学を大きく進展させていく。

こうして19世紀の半ばまでには、電気や磁気に関するさまざまな法則が独立に発見されていたわけだが、マクスウェルはこれらの法則を方程式のセットに統合させて、電気と磁気のふるまいを数学的に記述することに成功した。マクスウェルは流体力学とのアナロジーで電気現象をとらえようとしたため、その理論はたいへんに難解で、かれが導出した方程式も複雑なものだったが、のちにオリヴァー・ヘヴィサイド（１８５０〜１９２５）がこれを簡略化し、美しい対称性をもつ四つの方程式群に書きかえた。オーストリアの物理学者ルートヴィヒ・ボルツマン（１８４４〜１９０６）は「この方程式を書いたのは、神ではなかったか」と、ゲーテ『ファウスト』の一節を引いて称賛したという。数式は性にあわないといわれるむきも少なくないだろうが、ひとつだけ理解しておいていただきたいことは、「電場」が変化すると、それによって「磁場」が生まれ（すなわち磁場が無から有に変化する）、その磁場の変化がつぎなる電場の変化をひきおこす、ということだ。こうして電場と磁場はたがいに影響をおよぼしながら、波動として空間をどこまでも伝わっていく。この波は、当然のことながら〝電磁波〟とよばれる。

この電磁波の速度を、過去に行なわれた実験の結果からマクスウェルが計算したところ、フィゾーが測定した光速度ときわめてちかい数値がえられた。１８６１年10月19日、マクスウェルは大先輩ファラデーにあてて、こう書き送る。〈この一致は数字だけのものではありません。……私の理論の当否にかかわらず、光の媒質と電磁的な媒質が同じものであると信ずべきじゅうぶんな理由があると思われます〉[32]

さらに１８６７年、マクスウェルは自らの方程式から波動方程式を導き、電磁波の速度vを導出した。その結果は、

$$v=\frac{1}{\sqrt{\varepsilon\mu}}$$

εとμは物質の電気的・磁気的性質をあらわす量で、それぞれ誘電率・透磁率とよばれる。物質の種類によって固有のεとμが決まっており、電場や磁場の強さは（および電磁波の伝わる速度も）、それが発生する場所（そこにある物質）によって異なる値を示すのだ。

真空中で測定した ε_0 と μ_0 を右の式に代入してみると、速度 v は秒速約30万キロメートルとなり、電磁波の速度の理論値は、光速度の実測値とみごとに一致した。
ついに光の正体が判明した。光は電磁波だったのである。

II－8 ―マイケルソンとモーリーの実験

しかし方程式から導きだされたこの光の速度は、いったい何に対する速度なのだろうか。当然、電磁波を伝える媒質すなわちエーテルに対する速度なのだとマクスウェルは考えた。とすれば、これまでは測定できなかった「地球のエーテルに対する速度」がわかるかもしれない。地球は秒速30キロメートルのスピードで太陽のまわりを周回運動している。ではエーテルに対してはどれほどの速度で飛んでいるのだろうか。無風の日でも自転車で走れば、あなたは正面からの風を感じるだろう。同じように地球が静止したエーテルのなかを飛んでいるとすれば、エーテルの流れを風として感じるはずだ。光がエーテルを伝わるとすれば、追い風にのって伝わってくる光は風速のぶんだけ速くなり、逆風にさからって進んでくる光は風速のぶんだけ減速されるだろう。ならば、さまざまな方向からやってくる光の速度差を測定することで、エーテルの風速、すなわち地球がエーテル中を運動する速度がわかるのではなかろうか。たとえば観測装置に飛びこんでくる「西方からの光」が秒速31万キロ、「東方からの光」が秒速29万キロだったとすれば、地球はエーテル中を西向きに、秒速1万キロメートルで飛んでいることになる。

マクスウェルが示したこの提案に、もっとも真摯に取り組んだのはアメリカ人アルバート・マイケルソン（1852～1931）だった。1907年、アメリカに初のノーベル物理学賞をもたらす科学者である。マイケルソンは1873年、21歳で海軍兵学校を卒業し、ひきつづき母校で光の速度の精密測定に専念した。光の速さをとてつもない精度で測定することは、マイケルソンにとって心おどる挑戦だった。かれはいう。〈光速度は、今日までのところ人類の知識による概念以上のものであるということは、その測定が異常な正確さを必要とするということに関係し、同時にこの解決を多くの研究者にとって最も魅力的な問題の一つとする[33]〉と。

精密な測定に異様な執念を燃やす人だったことが、この文章からもよくわかる。当時のアメリカは基礎科学の分野ではまだまだ後進で、駆け出しの研究者が専門領域の最新知識を獲得しようとすれば、ヨーロッパにいくのが最良の道だった。マイケルソンも1880年、光学についての知識を深め、また新しい研究の刺激をえるために、妻子をつれてヨーロッパにわたる。それから2年間、ドイツとフランスの大学を行脚して、物理学の大家たちから少しでも多くの知識を吸収しようとつとめた。ベルリン大学では、エネルギーの保存則をはじめて定式化した物理学者ヘルマン・フォン・ヘルムホルツ（1821～1894）の講義に出席し、フランスではコレージュ・ド・フランスとエコール・ポリテクニークで学ぶ機会をえた。

1881年、ベルリン滞在中のマイケルソンはみずから発明した干渉計を使って実験を行なった。直交する2本の直線経路を光が往復するのにかかる時間差を測ることで、2方向の光の速度差を検出しようと試みたのだ。エーテルの風が吹いていれば、2方向で往復に要する時間がわずかに変わる。その微小な差を、光の干渉を利用して検出する精密な装置をマイケルソンは設計し、グラハム・ベルの資金援助をえてつくりあげた。干渉計はヘルムホルツの実験室の硬い石の台にとりつけられていたが、ベルリンの交通量は多く、その振動が昼夜を問わず観測を妨害した。そこでマイケルソンは装置をポツダムの天文台に運びこみ再実験を試みた。振動を極度に嫌う天体望遠鏡は硬い岩盤の上に設置されている。この望遠鏡のレンガの台座にすえつけられた干渉計は、1ブロック先にある人家の床を歩くかすかな振動をもとらえるほどの高い感度をもっていた。だが、実験は失敗に終わった。測定の方向をいくら変えても光速の差は見いだせなかったのだ。マイケルソンは、落胆しながらも観測した事実を正確に報告した。「地球とエーテルとの相対運動」と題する論文（「アメリカン・ジャーナル・オヴ・サイエンス」1881年8月号）のなかでかれは〈安定なエーテルの仮定は、誤りである〉(33)と結論づけた。

帰国したマイケルソンは1882年、オハイオ州クリーヴランドのケース応用物理学校に教授として迎えられた。そこで20回にわたり光速測定の実験を行ない、秒速29万9853キロメートルという新しい値を報告した。これはその後45年間にわたり、光速の測定精度の世界記録となったが、この記録をうち破ったのもマイケルソン自身だった。

マイケルソンの実験室から数ヤード先にウェスタン・リザーヴ大学のアルバート記念館があり、そこにエドワード・モーリー（１８３８～１９２３）という化学者が仕事場をもっていた。二人の科学者は外見的には対照的な姿をしていたが、やがて共通の興味をもっていることがわかり、しばしば語りあうようになる。モーリーはマイケルソンより14歳年長で、１８６４年にマサチューセッツ州アンドヴァーにあった神学校の研究科を卒業した。しかし適当な奉職先が見つからなかったので趣味としていた化学を学び、その分野で名を残すことになった。牧師を父親にもつモーリーは信仰心が篤く、１８６８年にウェスタン・リザーヴ大学の自然哲学と化学の教授に就任したさいの契約にも、大学のチャペルで定期的に伝道するとの条項が加えられていた。

マイケルソンに出会う前のモーリーは、純水中の酸素と水素の重量比の研究を進めていた。かれは20年間この仕事をつづけたが、30万分の1という高い精度で酸素と水素の重量およびその比率を決定し、それは国際的にも高く評価されていた。モーリーは、エネルギッシュで話好きであり、肩までとどく長い髪と大きな赤い髭をたくわえていた。いっぽうリベラルな家庭に生まれたマイケルソンは、自然を畏敬しつつも、造物主としての神を受け入れることはなかった。かれは上品で、いつも小ぎれいな身なりをしていた。

もちろんこの二人には共通点もあった。ともに音楽好きで、マイケルソンはヴァイオリン奏者として、モーリーはオルガン奏者としてすぐれた腕前をもっていた。精密な測定機器の設計技師としても二人は天才的で、その製作および実験に細心の注意を払うことができた。

II-9―エーテルの悩み

1887年、マイケルソンとモーリーは、光の速度差の検出に挑戦した。これが「マイケルソン＝モーリーの実験」で、科学史上もっとも名高い実験のひとつである。この年4月17日、モーリーはつぎのような手紙を父親に送っている。

〈マイケルソンと私は、光があらゆる方向に同じ速さで伝わるかどうかを試す、新しい実験を始めました。私はそれについて、はっきりした結果が得られることを疑いません(33)〉

二人はエーテル問題に決着をつけようとしたのだ。

精度を高めるために、装置の製作には最先端の技術が駆使された。厚さ35・6センチメートル、一辺1・6メートルの正方形の石の板を用意し、四隅に特殊合金製の鏡、アルガン灯(改良型の石油ランプ)、望遠鏡などの器具をとりつけた［次頁の図参照］。精度をあげるためには光の経路を長くする必要があり、光は対角線方向に4往復するようになっている。

この石板の下に円形の台座をとりつけ、それを水銀を満たした鋳鉄の容器に浮かせた。水

マイケルソン＝モーリーの実験

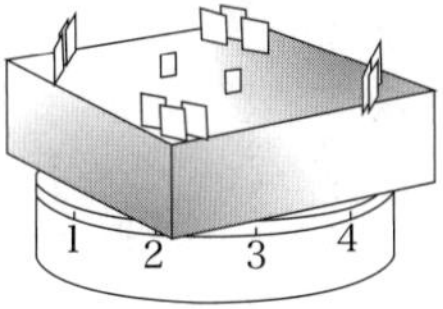

アルガン灯から出た光ビームは、ハーフミラー(a)で直角方向に二手にわかれたのち、四隅の鏡（m_1〜m_4）で反射され、ふたたびハーフミラー(a)で重ねあわされて、望遠鏡(d)に入る。同一光源から出た光がいったん分光され、ふたたび重ねあわされると、かならず干渉縞をつくる。ガラス(b)は光路長を調整するためのもの。可動式の反射鏡(c)を調整して明瞭な干渉縞をつくったのち、石のテーブルを90度回転させ、ふたたび観測する。エーテルの流れの向きが変われば、干渉縞の位置も変化するはずだったのだが……。原図はBernard Jaffe, "Michelson and the Speed of Light" より

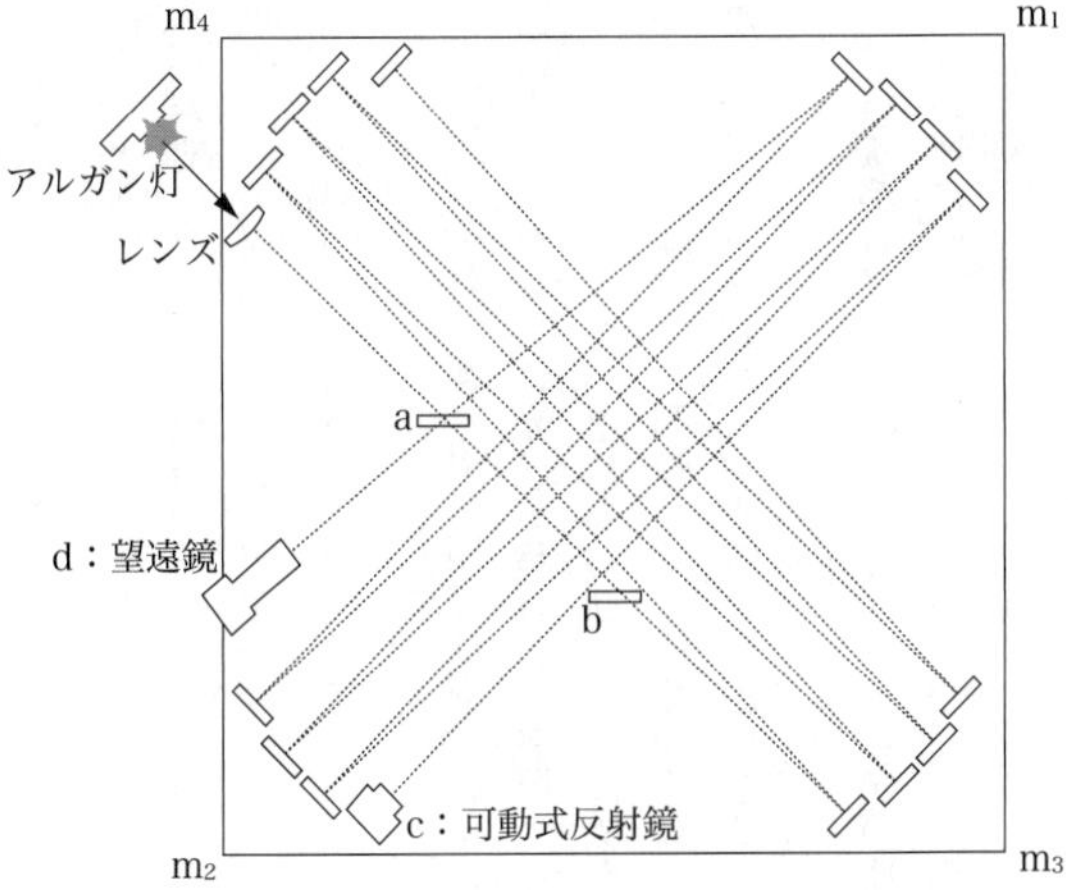

銀はモーリーが集めて精製したものを使い、台座と容器の間には、12ミリの隙間がある。こうすると装置全体はひじょうに滑らかに回転し（実験では6分で1回転させた）、かつ水平に保たれる。また、振動やひずみによる誤差も防ぐことができる。装置全体がやわらかい土の上にあったのでは安心できないので、鋳鉄の水銀容器はセメント台の上にのせ、その台座の基礎は地中の岩盤にしっかり固定された。鋳鉄の容器の周囲には16個の印がつけられた。二人は、数ヵ月をかけてこの独自の装置を調整し、干渉縞がわずか1波長ずれただけでも観測できる高い精度を達成することができた。

光源から出た光は、中央のハーフミラーで2方向に分かれ、それぞれ鏡で反射されたのち、再びハーフミラーで重ねあわされて、検出器に入る。ヤングの光の実験［44頁参照］と同じ理屈で、同一光源から発した光を二つに分けたのち、ふたたび重ねあわせると干渉縞があらわれる。まず石板をある場所で固定し、鏡の位置を微調整して明瞭な干渉縞をつくりだしておく。つぎに石板を90度回転させて、ふたたび干渉縞を観測する。すると何がおきるだろうか？

観測装置は地球とともにエーテルのなかを走っているから、地球の進行方向に走る光の速度は光速 c からズレる。これと直角方向に走る光線の速さも、エーテルの風によって影響をうけるが、そのズレ幅は、地球の進行方向に走る光のズレ幅とはわずかながら異なる。この二条の光の速度差が、干渉縞のパターンには反映されている。いま装置を90度回転させて二条の光の速度差を逆転させると、干渉縞の明暗の縞の位置が移動するはずだ。マイケルソンとモーリーが、装置を回しては望遠鏡をのぞき、のぞいては回すという作業を繰り返したのは、この干渉縞の移動を検出するためだった。二人は毎日12時と18時の2回、16の異なる方向について測定を繰り返したのだが、干渉縞の移動は見いだせなかった。つまり、光の速度は地球の運動方向によって変化しなかったということだ。

最後の観測は1887年7月に行なわれた。マイケルソンとモーリーは、すべてのデータを記録し、計算し、解析し、考察を重ねた。エーテル仮説の理論からは、干渉縞の移動は縞の幅の0・4倍になると予測されたが、二人の集めたデータは、非情にも期待を完全に裏切った。かりに縞の移動があったとしても、それは縞の幅の0・01倍以下であると結論され、それは期待された数値の40分の1にしかならなかった。二人は実験の結果を論文にまとめ、「アメリカン・ジャーナル・オヴ・サイエンス」とイギリスの「フィロソフィカル・マガジン」に発表した。

エーテルの存在を信ずる世界の科学者はみな、この論文を読んで困惑した。マイケルソン自身は、この結果に対してつぎのように書いている。〈それでもなお地球は、自分の速さと同じ位の速さでエーテルを引っ張って動くので、エーテルと地球表面との相対速度は、ゼロあるいは非常に小さいという仮定で、説明できるかもしれない[33]〉

つまりエーテルは宇宙空間に静止しているのではなく、地球の運動に引きずられるように動いているのかもしれない。そう仮定すると、地球の近傍ではエーテルは地球に対してほぼ静止していることになり、地球にはあらゆる方向からの光が同じ速さで飛びこんでくる。すなわち実験は必ずしもエーテルの存在を否定しないというのだが、説得力はなかった。

結局、二人の実験では光の速度差は検出することができず、新たな謎をつけ加えただけだった。マイケルソンはこの実験に取り組むことで精密な干渉計をつくりあげることができたのだ、とみずからをなぐさめたが、かれにせよモーリーにせよ、この〝失敗実験〟が科学史上もっとも画期的な成功をもたらすものであったとは、夢にも思わなかったにちがいない。マイケルソンは１９０７年、「干渉計の考案と、それによる分光学およびメートル原器に関する研究」によりノーベル物理学賞を受賞することになるのだが、同時代の他の物理学者たちがこの失敗実験からえたものは、ただ困惑だけだった。

エーテルの風が検出できなかったという否定的な結果に驚いた物理学者たちは、エーテル説の危機を救うために、さまざまな手だてを工夫しはじめた。もっとも単純な解釈は、地球が宇宙を満たすエーテル中に静止していると考えることである。これならどの方向からくる光も同じ速度をもつにちがいない。しかしこれでは地球だけがエーテルに対して静止し、地球に対して運動している太陽やその他の星々はすべてエーテル中を運動していることになる。つまり地球は、宇宙を満たすエーテルの中心的存在だということになるが、そんな宇宙観を19世紀の科学者がいまさら復活させるわけはなかった。あるいはマイケルソンが指摘したように、地球がエーテルを引きずって動いているとの説が提唱されたこともあるが、これはあまりにも作為的だった（マイケルソンはのちに、エーテルの引きずり現象を検出する実験を試みたが失敗した）。

実験の装置や手順に問題がなかったとすれば、なんらかの機構がはたらいて、エーテルの風速が検出できなかったと解釈せざるをえない。アイルランドの物理学者ジョージ・フィッツジェラルド（1851〜1901）は、エーテルの圧力によって物体（測定装置）が収縮するのだと主張した。なるほど、エーテル中で地球が運動すれば、光速も変化するが、その速度の変化が装置の収縮によって相殺されれば、光の速度差は観測にかからないはずだ。オランダのヘンドリック・ローレンツ（1853〜1928）は、フィッツジェラルドと同じ解釈をさらにエレガントな数学で記述し、理論の整合性を高めるため、物体が収縮するだけでなく、エーテルの風によって時間も変化するという新しい発想を導入した。たしかにかれが導出した換算式（これをローレンツ変換という）にもとづいて計算してみると、エーテル風の効果が相殺されて、どの方向からくる光も同じ速度として測定されることになる。ではいったい、宇宙のすみずみにまで充満し、運動する物体にそんな奇妙な効果をもたらすエーテルとは何なのか。物理学者たちのたび重なる試みにもかかわらず、エーテルの存在を実験で確認することはできなかった。実証の学問といわれる物理学に、このような検証不可能なモノをもちこむことが許されるのだろうか。

II―10　ニュートンの時空、アインシュタインの時空

太陽と地球は約1億5000万キロメートル離れている。この距離を光が走るのに8分20秒かかる。つまり地球から見る太陽の姿は、つねに8分20秒前の映像であって、たとえいまこの瞬間に太陽が大爆発を起こしたとしても、爆発する太陽の映像が地球に届くのはいまから8分20秒後のことになる。いっぽう月は地球の約38・5万キロメートル上空を周回しており、その光（太陽光を照り返した反射光）は1・28秒で地球に到達する。したがって私たちが見ている月は1・28秒前の月である。日食は「8分20秒前の太陽」の像を「1・28秒前の月」の像が覆い隠す現象だ。

同様の「時間のズレ」は、たとえば野球場でも起こっている。バッターから見た「ピッチャーの時間」と「センターの時間」とは、ほんの少しではあるけれど異なっている。太陽時間が月時間より（8分18秒ばかり）過去であるのと同様に、センターのほうがピッチャーよりも、ほんのわずかだけ（0・0000002秒ほど）むかしの姿なのである。野球場を太陽系のサイズまで拡大すればその差は数十分になるだろうし、逆にナノメートルサイズまで球場を縮小しても「時間のズレ」は決してゼロにはならない。センターとピッチャーとの距離は野球場をどんなに小さくしてもゼロにはならないし、そして光速は有限だから「時間の

ズレ」も有限の値をとりつづける。

宇宙のそれぞれの場所で、それぞれの「時間」が流れている。ビッグバン宇宙論によれば、地球から130億光年先には、まだ開闢まもない130億年前の宇宙の姿があり、私たちから90光年ほど離れたところには、1920年代にはじまったラジオ放送の電波（電波も電磁波であり、すなわち光の同類だ）が宇宙の果てをめざして進んでいるはずだ。そして「私」のいる「ここ」が、この宇宙でいちばん新しい。つまり「いま」である。「いま」と「ここ」と「私」とは、物理的には同義であり、そして「かつて」「そこ」「他者」も同様に、物理的に同義である。時間と空間と観測主体とは、宇宙を論ずるときには決して切り離すことのできないものなのだ。

地球上にはたくさんの観測者がいる。そのうちの一人だけが「自然の神さま」に特別あつかいされていることがありうるだろうか。もちろん、すべての観測者は平等であるはずだ。同じように地球だけが宇宙のなかで特別あつかいされる理由もない。この宇宙に無数に存在する視点は相対的なものであり、あらゆる観測者は自然のもとに平等であるにちがいない。この信念こそが、先にのべた一様原理を導くものであり、同時にそれは、相対性原理の根幹を支えるものでもある。それはまた、アインシュタインの人間平等の理念に通じるものであり、後年のかれの平和運動を貫いたバックボーンでもあったろう。

アインシュタイン以前、ニュートン力学の時空は、そうではなかった。ニュートン力学の時空は、いわば「時計つき方眼紙」のようなものだ。ニュートン力学の立場では宇宙は無限だと考えざるをえない。というのは、宇宙が有限な場合、星々や星間物質はたがいに万有引力によって引きつけあって、最終的に一点に集まってしまうからだ。無限にひろがっている宇宙のどこか一点にこの「時計つき方眼紙」をはりつけると、これを「空間原器・時間原器」として、宇宙のあらゆる場所の物理量が一義的に指定できる。秩序正しい絶対的な時空である。しかしアインシュタインの相対的な時空間には、そのような絶対的な「時計」も絶対的な「方眼紙」もない。言葉をかえれば、無数の観測者がたつ場所ごとに、無数の「時計つき方眼紙」がはりつけられている、ということになる。それならば、観測者たちはたがいに何の関連もなく、個々バラバラに〝自分だけの時間と空間〟を観測するのだろうか。宇宙は、それを貫く確たる基準もなく、なりたっているのだろうか。もちろんアインシュタインの美学は、このような無秩序な世界を許容しない。かれが頼りとしたのは、どの観測者にも等しく測定される物理量、すなわち光速だった。光速度不変の原理によれば、この宇宙のどの場所で、誰が測定しようとも、光の速度は変わらない。つまり宇宙にあまねく存在する物理学者たちは、光速という共通基準をよりどころとして、自分たちのいる時空を規定することができる。光こそ、宇宙の最も信頼にたる「測定原器」なのである。

相対性理論はすべてを相対的にしてしまい、この世の中から絶対的なものを抹殺してしまった、といわれることがよくある。だから相対性理論は危険思想だという攻撃の口実に使われたこともあった。だがそれはまったく的はずれな話だ。たしかに、相対性理論は、絶対的な時間や空間を否定している。だがそれは、時間や空間の尺度が勝手に決められる、ということを意味するものではない。次章でくわしく説明するように、異なる慣性系では時間や空間の尺度は変わるが、それらすべての尺度の間には厳格な（絶対的な）規則性がある。そしてその規則性を導く上で、絶対的な条件が「光速度不変の原理」なのだ。

Ⅲ章　特殊相対性理論

Ⅲ–1——革命前夜

19世紀末、ヨーロッパの物理学界はエーテルをめぐって大きくゆらいでいた。その混迷のなかから、常識をはるかに超える新理論「特殊相対性理論」はどのように生み出されたのだろうか。１９０５年の革命にいたる、アインシュタインの足跡を追ってみることにしよう。

アルベルト・アインシュタインは１８７９年3月14日午前11時30分、南ドイツの小都市ウルムに暮らすユダヤの中流家庭に長男として生まれた。父ヘルマンは文学好きのやさしい人柄、母パウリーネはピアノの才能に恵まれた強い性格の女性だったという。アルベルト誕生の翌年、一家はミュンヘンに移り、ヘルマンは弟ヤーコプと共同で電気器具をあつかう会社をおこす。幼年期のアルベルトは両親が心配するほど発育が遅かったというのだが、小学校に進むころには健やかな少年に育っていた。少年時代の一時期、ユダヤ教の信仰世界にのめりこんだこともあったけれど、12歳のときとつぜん真理に目覚めたという。〈通俗科学書を読んでいくうちに、やがて聖書の話の多くが真実ではありえないと確信したため[09]〉で、その結果〈まったくの熱狂的な無神論者となってしまった[09]〉と書いている。おなじころアルベルトは、ユークリッド幾何学の小さな本に出会い、幾何学の証明の明晰さと確実さに強く魅せられた。もともとかれは、父親に見せられた磁気コンパスや、叔父に教えられたピタゴラスの定理に夢中になるような、好奇心が強く、なにごとも理詰めに考えずにはいられないたちの子どもだったのだ。16歳になるまでに〈微積分計算の原理を含めた数学の初歩に習熟[09]〉していったのは、当然のなりゆきだったといえるだろう。

ドイツには、大学に進んで学術的な勉強をする者のために、ギムナジウムという教育制度がある。年齢でいうと、日本の小学校5年生から中学校・高等学校にあたり、大学に進学するにはギムナジウムの卒業証書が必要不可欠であった。アインシュタインも1888年にミュンヘンのギムナジウムに入学したのだが、6年後、かれの運命を変える事件がおこる。父親の事業が不振におちいり、一家はイタリアのミラノに転居してしまったのだ。一人ミュンヘンに残されたアインシュタインも、ギムナジウムの厳格でおしつけがましい教育にすっかり嫌気がさし、半年後には退学して家族のいるイタリアへ移ってしまった。

1895年、16歳のアインシュタインはチューリヒの連邦工科大学の入学試験に挑戦する。スイスのドイツ語圏にあるこの大学なら、ドイツの大学の入学資格をもっていないかれにも受験ができたのだが、みごとに失敗した。数学では抜群の成績だったのに、語学と生物があまり良くなかったのがわざわいしたらしい。さいわい工科大学の学長アルビン・ヘルツォークがアインシュタインの数学の才能に目をとめ、アーラウの州立学校で1年間勉強して大学入学の資格を取ってくるよう勧めてくれた。ギムナジウムに失望していたアインシュタインではあったけれど、大学入学のためにはわがままはいえない。忠告にしたがい、州立学校で1年をすごすことにした。

アーラウでアインシュタインを待っていたのは、ミュンヘンのギムナジウムとはまるでちがう、自由でのびやかな空気だった。授業は生徒たちの自主的な探究心を重んじるという方針で進められ、教師たちはいつでも議論の相手をつとめてくれた。アインシュタインは、カントやスピノザの哲学書を夢中で読み思索にふけった。「光の速度で光の波を追いかけたら、波はどのように見えるのか」という疑問にとりつかれたのも、アーラウでのことである。空気がよほど肌に馴染んだものか、〈アーラウはヨーロッパのオアシスであるスイスの中の忘れられないオアシスであった〉(18)と語り、最晩年にいたるまでアーラウに賛辞を送っている。

〈この学校は、その自由な精神と、教師たちの、外見上の権威などにとらわれない簡素な実直さで、私に忘れがたい印象を与えた。私が六年間通った、権威主義的に管理されるドイツのギムナジウムと比べて、自由な行動と自主的な責任を重んじた教育のほうが、訓練を重視し、外見上の権威にこだわり、功名心をあおる教育よりいかに優れているかが、私は身に染

みてわかったのである。真の民主主義というものは、うつろな幻想ではないのだ[09]〉

アーラウでの楽しい1年間が終わり、1896年秋、アインシュタインは晴れてチューリヒのスイス連邦工科大学に入学した。専攻が数学と物理学の教職課程コースだったところをみると、どうやら当時のアインシュタインは、数学か物理学の教師としての職をえて、慎ましいながらも好きな研究をすることが自分にとって最適の道である、と考えていたらしい。

とはいえ大学でのアインシュタインは、けっして模範的な優等生ではなかった。講義にはあまり出席せず、もっぱらヘルムホルツ、キルヒホッフ、マクスウェル、ヘルツら、大家の物理学書を読みふけった。試験のときは、級友マルセル・グロスマン（1878〜1936）から講義ノートを借りて切りぬけた。グロスマンは、ものごとを迅速に理解してきちんと整理できるという、アインシュタインにはない才能を持ちあわせていた。アインシュタインはいう。〈試験のために好むと好まざるとにかかわらず、くだらない知識を詰め込まなければならない。探求とか研究の楽しみが義務感とか強要によって促進されるのは重大な間違いである[18]〉と。

おそらくは18歳のころ、アインシュタインはエルンスト・マッハ（1838〜1916）の『力学　批判的発展史』（初版は1883年）を読み、大きな影響をうけた。マッハはこの書物のなかで、ニュートン力学の前提となっている絶対空間・絶対時間の概念に徹底的な批判を加え、それはいかなる経験によってもとらえることのできない形式的な概念にすぎない、と主張した。アインシュタインはこの批判を読んで、力学が物理学の基礎であるという当時の人びとの信念は単なる独断にすぎないという結論に到達した。

Ⅲ-2 愛する人――ミレヴァとの出会い

工科大学でアインシュタインが親しく交わったのは、オーストリア出身のフリードリヒ・アドラー（1879～1960）、チューリヒのマルセル・グロスマン、そしてハンガリーからきた才女ミレヴァ・マリッチ（1875～1948）だった。アインシュタインより4歳年上のミレヴァは、数学と物理学にすぐれ、マリー・キュリー（1867～1934）に匹敵する才能の持ち主だったといわれる。大学に入学してほどなく、アインシュタインは、物理学について語りあううち、ミレヴァが自分と同じタイプの人間であることを知り、ひかれるようになった。

2年生に進んだ1897年の10月、ミレヴァは聴講生としてハイデルベルク大学に行きフィリップ・レーナルト（1862～1947）の指導をうけることになった。アインシュタインが特殊相対性理論を発表した1905年にノーベル物理学賞を受け、のちにアインシュタイン攻撃の急先鋒となった人物だ。ミレヴァは翌年4月にはチューリヒにもどるのだが、半年間の別離は二人の関係をより緊密にしたらしい。それからの二人はいつも一緒に理論物理学や哲学を勉強し、なかでもマクスウェルの電磁気学に深く傾倒した。散歩をしたり、音楽会にもでかけた。ミレヴァは、愛も運命も、人生のすべてをアルベルトに賭けていた。いっぽうアインシュタインは、愛するパートナーと知的な研究生活を送る期待に胸をふくらませていた。

〈君がぼくのかわいい奥さんになってくれたら、二人で科学の研究に熱中しよう。年老いた俗物になんかならないようにしなくちゃ。……君以外の人はすべて、異人種のように感じられるんだ。まるで見えない壁にへだてられているみたいにね〉[01]（1901年12月28日／「山猿」から「僕の最愛のかわいい恋人」あて書簡）

世紀の変わり目を間近にひかえた1900年7月、アインシュタインは21歳で大学を卒業した。理論物理学の研究をこころざす青年にとって最も望ましいのは、経験をつんだ教授の助手になり、その研究方法を学んでいくことであった。もちろんアインシュタインもそうしたコースを望んだのだが、かれを採用しようとする教授はいなかった。アインシュタインの個性的な性格が嫌われたのも一因だろうが、あるいはユダヤ人であることが影響したのかもしれない。卒業の翌年2月、かれはスイスの市民権を獲得したけれど、事態は好転しなかった。あいかわらず職はみつからず、おまけにミレヴァの妊娠が判明する。アインシュタインは臨時の教員をつとめながら就職先をさがし、そのかたわら博士論文を書きすすめ、11月23日にチューリヒ大学に提出した（のちにみずから取り下げたため、このときは博士号は受けられなかった)。冬に入り、ミレヴァの出産が近づいているというのに、定職のない身では結婚することもできない。

そんなとき、親友グロスマンから暖かい救いの手がさしのべられた。かれの父親がベルンにあるスイス連邦特許局の長官と親しかったため、アインシュタインを長官に紹介してくれたのだ。この若者の才能を見抜いた長官は、３級技術専門職として採用し、年俸３５００フランをあたえた。卒業してほぼ2年がたっていた。〈入念な面接試験を経て、ハラー氏は私を雇ってくれた。こうして私は、一九〇二年から一九〇九年まで、最高に創造的な研究を行ったその数年間を、生活の不安から解放されたのである[09]〉

この間、１９０２年1月にミレヴァは長女リーザールを出産するが、未婚の二人には育てるすべはなかった。ほどなく養子に出されたとされる彼女の運命について、詳しいことは知られていない。大学の助手にも採用されず、定職もなく、私生活でも万事休した感のあるアインシュタインだったが、まったく幸せというものはどこからやってくるかわからない。ようやく雇い入れられたベルンの特許局が、大いなる飛躍の舞台となったのだ。

１９０３年1月６日、アルベルトとミレヴァはベルンで結婚式をあげた。二人はそれぞれ23歳と27歳、翌１９０４年5月には長男ハンス・アルベルトが生まれた。夜、赤ん坊が寝入ってから、若い父親と母親は灯油ランプのもとで研究にいそしんだ。アインシュタインによれば、それは知的修道院ともいうべき至福の時であった。

特許局の仕事は決して退屈なものではなかった。多角的な考え方を要求され、それによって物理学的な思考も大いに刺激されたと、みずから語っている。定職をもつことで生活が安定し、私的な時間を理論物理学の研究にあてられるようになった。哲学を学んでいたモーリス・ソロヴィーヌ（1875〜1958）と数学者のコンラート・ハビヒト（1876〜1958）というよき同志をえることもできた。結婚の立会い人もつとめたこの二人は毎日のようにアインシュタインの家を訪れ、簡単な夕食をともにし、夜遅くまで哲学や数学、物理学を語りあう仲間となった。この知的集団は「アカデミー・オリンピア」と名づけられ、ここでの議論はアインシュタインに大きな刺激と飛躍をあたえた。ミレヴァの内助の功は、アインシュタインの創造力を刺激した。落ちついたベルンの生活のなかで、アインシュタインはニュートン力学に批判的な先駆者たち、キルヒホッフ、マッハ、ポアンカレ、ヘルツらの主張を注意ぶかく検討していったものと思われる。

ついに革命のときがきた。1905年、26歳のアインシュタインは4編の論文を「アナーレン・デア・フィジーク（物理学年報）」誌に発表する。そのどれもが物理学の本質に迫るすばらしいものであったことは、驚嘆に値しよう。第一は光の粒子性を論じた「光電効果」に関する論文で、1921年のノーベル物理学賞を受けることになる研究だ。第二のブラウン運動の研究は、分子の質量を直接測ることを可能にした。そして第三・第四が「特殊相対性理論」を世に問うた画期的な論文だった。まず「運動する物体の電気力学」がこの年の第

10号（9月26日発行）に、つづいて「物体の慣性はその物体の含むエネルギーに依存するであろうか」が第13号（11月21日発行）に掲載された。前者は特殊相対性理論の骨格をあたえる長大な論文、後者はエネルギーと質量の関係を短く論じたものである。

III-3 先駆者ローレンツ

特殊相対性理論を解説するのに先だって、もういちど、19世紀末から20世紀はじめにかけて定着していた「静止エーテル説」をめぐる物理学界の状況をみておこう。エーテル説によれば、宇宙は、エーテルという観測不能な物質によって満たされている。エーテルは、運動する天体などの近くを除けば、全体として宇宙のなかで静止しており、そして光はエーテルのなかを毎秒30万キロメートル（これを c と記す）の速さで伝わっていく。このときの光の速さ c は、エーテル中に静止した観測者から見たものだ。もし、観測者が光を追いかけるようにエーテル中を動いていたら、その観測者から見た光の速さは遅くなるだろう。「時速300キロメートルの列車を時速100キロメートルで追いかける自動車のドライバーには、列車は時速200キロメートルで走っているようにみえる」という、前にあげた例を思い出してほしい。地球はエーテル中を運動しているわけだから、地球上の観測者から見れば、光の速さは当然 c からずれるはずだ——これが、当時の物理学者たちに常識として広く受けいれられていた考え方である。このような状況のなかで1887年、マイケルソンとモーリーの実験が行なわれた。そして、実験は光速のズレを見いだすことができなかった。

この実験の解釈に正面から取り組み、大きな成果をあげたのはローレンツだった。かれによれば、光速のズレが観測されなかったのはエーテルの影響により、運動物体の長さが収縮するからで、エーテル中を運動する物体の長さは、その速度vに依存して縮む。その収縮率δは、

$$\delta=\sqrt{1-\left(\frac{v}{c}\right)^2}$$

であるという。vにさまざまな値を代入してみると、

v＝0・1cのとき　δ＝0・99
v＝0・6cのとき　δ＝0・8
v＝0・8cのとき　δ＝0・6
v＝0・99cのとき　δ＝0・14

となり、速度vが大きくなればなるほど、観測される運動物体の長さが短くなっていくことがわかる。この収縮説は1892年にはじめて発表されたが、その後もかれは考察を重ね（1902年には電子論の業績でノーベル物理学賞をうけた）、「ローレンツ変換」とよばれる公式を1904年に公表した。特殊相対性理論が発表される1年前だ。これは二つの慣性系における時間と空間の関係をあらわすもので、異なる慣性系では、時間と空間の尺度がどのように変換されるかを正しく記述している。翌1905年、フランスのアンリ・ポアンカレ（1854〜1912）はローレンツの理論に検討を加え、数学的にいっそう完全な定式化をあたえた。

ローレンツ変換の公式は、その数学的な面だけを見ると、アインシュタインが特殊相対性理論で導いたものと完全に一致する。だが両者の理論の基礎となる物理的な考え方はまったくちがっていた。ローレンツは依然としてエーテルの存在を前提としていたし、ポアンカレもまた、アインシュタインとはちがって、ニュートン以来の常識を破る新しい認識にまでは踏みこめなかった。

当時アインシュタインはベルンの特許局の一技官にすぎず、学界の体制からは孤立していたため、1904年のローレンツの論文には気づいていなかったという。つまりアインシュタインはローレンツとは異なる観点から考察を進めていったのだ。かれがスタート地点に選んだのは電気力学だった。1905年9月に発表された革命的論文「運動する物体の電気力学」の冒頭を読んでみよう。さいわいにして、内山龍雄氏のすぐれた翻訳が岩波文庫におさめられている。

〈動いている物体の関与する電磁現象を、マックスウェルの電気力学を用いて説明しようとする場合――今日、われわれが正しいものと認めている解釈によれば――たとえば、ある二つの現象が本質的には同じものと考えられるにもかかわらず、その電気力学的説明には大きな違いの生ずるという場合がある。よく知られている例として、1個の磁石と、1個の電気の導体との間の電気力学的相互作用について考えてみよう。このとき導体内に電流が発生するという現象が観測される。この現象は導体の磁石に対する相対的運動だけによることが分かっている。ところが電気力学による、普通よく知られている解釈によれば、磁石と導体のうちの一方が静止しており他が動いている場合と、これら両者の状態を逆にした場合とでは、電流発生に対する説明はまったく異なったものとなる[05]〉

アインシュタインがいわんとしているのは、こういうことだ。次頁の図のように磁石と導線をおき、矢印の方向に導線を動かす。磁石の上に立つ観測者は、自分が静止していて導線が動いている、と主張するだろう。これに対して導線の上に立つ観測者は、静止しているのは自分であり磁石が動いている、というだろう。これは相対的な運動にはつきものの水かけ論であり、矛盾はしない。問題は電流が流れる理由である。

磁石の上に立つ観測者は、磁石（N極からS極にむけて磁力線が生じている）の磁力線を

磁石と導線の相対運動

図のように磁石と導線を配置し、導線を北方向に動かすと、導線には矢印の向きに電流が流れる。導線中の電子が磁場の内部を横切ることにより「ローレンツ力」が起電力として働いたからだ。この実験を導線に固定した座標系から眺めると、磁石が南方向に動くことになるが、このばあい起電力は、磁場の変化が電場の変化をひきおこす「電磁誘導」によって説明される。同じ物理事象なのに、観察する座標系によって電気力学的な説明が異なるのはなぜなのか。アインシュタインはここから出発して特殊相対性理論を明快に説き明かしていく。

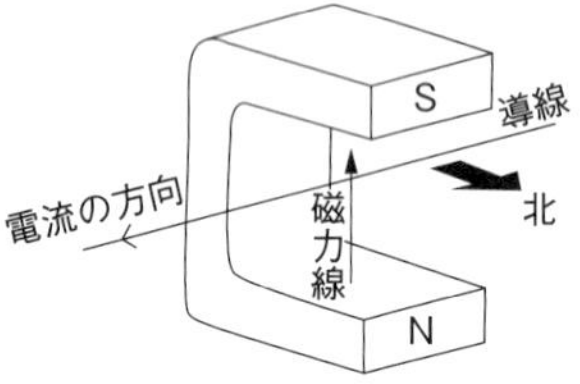

横切るように導線が動いたため、導線に電流が流れたというだろう。「磁力線を横切って動く導線中の荷電粒子には、導線の運動と磁力線の向きに垂直な向きに力が働く」という「ローレンツ力」の典型的な例である。荷電粒子（この場合は電子）が動けば電流が発生するわけだから、この観測者は、荷電粒子を動かした磁場が電流の原因だと判断する。

いっぽう導線の上の観測者にとっては、磁石が運動することになる。このばあい導線が静止しているのでローレンツ力は作用しないことになり、電流の発生はべつの原因で説明されなければならない。都合のいいことに、マクスウェルの電磁気学によれば、磁場が変化することによって導線中に電場が発生し、その電気力によって荷電粒子が運動する（すなわち電流が流れる）。ファラデーが見いだした電磁誘導の法則である［49頁参照］。

つまり同じ物理現象が、観測者の立場によって、ある場合には「ローレンツ力」で、べつの場合には「ファラデーの電磁誘導」で、というぐあいに異なる法則で理解される。単に法則の名前がちがうだけの問題ではない。電流を発生させる力が、いっぽうでは磁力であり、他方では電気力なのである。もしどちらか一方の座標系だけが絶対的だとしたら、その座標系に立つ観測者の解釈が正しく、他の観測者の解釈は誤りということになってしまう。このばあい、どちらか一方の座標系を選ぶことに意味があるのだろうか――アインシュタインはこう問題提起する。もし座標系の選び方によって、物理現象の解釈の当否が決まってしまうとすると、物理学者たちは観測された事象を論ずる前に、まず自分が正しい座標系に立っているかどうかを吟味しなければならなくなるではないか。そんな必要が、はたしてあるのだろうか？

絶対時間や絶対空間というニュートン力学の常識にとらわれることなく、実験が示すところにしたがって考察をすすめるとき〈力学ばかりでなく電気力学においても、絶対静止という概念に対応するような現象はまったく存在しないという推論に到達する〉(05)とかれは書く。〈そこでこの推論（その内容をこれから〝相対性原理〟と呼ぶことにする）をさらに一歩推し進め、物理学の前提としてとりあげよう。また、これと一見、矛盾しているように見える次の前提も導入しよう。すなわち、光は真空中を、光源の運動状態に無関係な、ひとつの定まった速さcをもって伝播するという主張である。静止している物体に対するマックスウェルの電気力学の理論を出発点とし、運動している物体に対する、簡単で矛盾のない電気力学に到達するためには、これら二つの前提だけで十分である。ここに、これから展開される新しい考え方によれば、特別な性質を与えられた〝絶対静止空間〟というようなものは物理学には不要であり、また電磁現象が起きている真空の空間のなかの各点について、それらの点の〝絶対静止空間〟に対する速度ベクトルがどのようなものかを考えることも無意味なことになる〉[05]

そして、このような理由から、〝光エーテル〟という概念を物理学にもちこむ必要はないとアインシュタインは明言するのだ。

物理学者たちが考えた〝静止エーテル〟は、ニュートン力学の「絶対空間」とワンセットのものだった。この宇宙を満たすエーテルは、ニュートンの「絶対空間」に対して静止しており、光は静止エーテルに対して速度cであらゆる方向に伝わっていく。宇宙のすべての場所で同じテンポの「絶対時間」が流れており、恒星や惑星はエーテルのなかをニュートンの法則にしたがって動きまわる。古典力学の信奉者たちは、まず絶対的な時間と空間の枠組みを設定したうえで物理現象を論じようとしたのだが、その結果、エーテルの風がどうしても検出できないという奇妙な観測事実に悩まされることになった。これに対してアインシュタインは、もっと自由奔放に、絶対的な時空間など存在しない、と考えた。慣性運動をしているあらゆる座標系は平等なのであり、観測者は自分のいる座標系を基準にして物理現象を自由に議論していい。言葉をかえるなら、相対性理論とは、物理学を絶対的な時空間から解放する理論なのだ。

自らの立脚点を明らかにした序文につづいて、アインシュタインはまず第1部で運動学を、第2部では電気力学を、明快に論じていく。電気力学の部ではマクスウェル方程式が二つの慣性系のあいだでどう変換されるかが示され、〈電気力や磁力というものが、観測の基準となる座標系の運動状態に無関係な存在ではないという事情〉[05]が明らかにされる。ある慣性系からは電気力とみえた事象が、べつの慣性系では磁力とみえるということだ。これを、先にのべた磁石と導線の相対運動の問題にあてはめてみるといい。電流が流れる原因が電気力なのか磁力なのか、観測者によって見方が異なる理由が、理解できるだろう。二つの解釈は、相対性理論をつかえば同等のものであり、いずれも正しい。もともと同じ一つの事象を論じていたのだから、これは当然の結論だ。自然をシンプルに理解する——それがアインシュタインが最も望んでいたことだった。

Ⅲ－4　同時刻は同時ではない!?

相対性理論の内容に踏みこむ前に、この理論の前提となった二つの原理をおさらいしておこう。「運動する物体の電気力学」でアインシュタインは、二つの原理をこう定義している。

(1)相対性原理……〈互いに他に対して一様な並進運動をしている、任意の二つの座標系のうちで、いずれを基準にとって、物理系の状態の変化に関する法則を書き表わそうとも、そこに導かれる法則は、座標系の選び方に無関係である[05]〉

(2)光速度不変の原理……〈ひとつの静止系を基準にとった場合、いかなる光線も、それが静止している物体、あるいは運動している物体のいずれから放射されたかには関係なく、常に一定の速さcをもって伝播する[05]〉

(1)の〈互いに他に対して一様な並進運動をしている、任意の二つの座標系〉とは「慣性系」を意味している。II-3節でのべたように、慣性系とは力の働かない座標系をさすが、異なる方向に異なる速度で等速直線運動する慣性系は宇宙空間には無限に存在する。そのような慣性系はどれもがまったく対等であり、したがって、力学ばかりでなく、電磁気学、光学など、物理学のあらゆる法則はすべての慣性系において、同じ形式で記述されなければならない――これが相対性原理の意味するところである。

(2)の光速度不変の原理は、時として誤解をまねく。そこでまず通常の物体の運動を想定し、つぎのような思考実験をしてみよう。ある座標系に、静止した観測者Aと野球選手Bがいるとする。この静止した観測者のいる座標系を、静止系とよぶことにしよう。まずBがボールをx軸の正の方向に投げる。Aがこのボールの速さを観測したところ、秒速30メートルであった。つぎに、この静止系のx軸にそって正の方向に秒速100メートルで運動する電車をもってくる。くどいようだが、秒速100メートルというのは、静止系からみた電車の速さである。この電車にBが乗り、進行方向にむかってボールを投げる。するとAは、ボールの速さが電車とボールの速さの和、すなわち秒速130メートルであると観測するだろう。このように、通常の物体（ボール）の速さは、それを投げるBの運動状態によって変化する。

つぎに、ボールを光源、たとえば電灯に置き換えて同じ操作を繰り返してみよう。電灯を静止系におけば、Aは光の速さをc（秒速30万キロメートル）と観測する。そこで、電灯を電車にのせてみるとどうなるか。ボールの経験から判断すれば、x軸の正の方向に進む光の速さは、秒速30万プラス0・1キロメートルになるはずだ。だが、光速度不変の原理は、常識的な判断とはちがって、この場合も光の速さはcであると主張する。つまり、光源の運動には関係なく、光速はつねに一定だというのである。そんなバカな、とあなたは思われるかもしれない。マイケルソン＝モーリーの実験結果を知らされた19世紀の物理学者も、まったく同じように考えた。

ボールの思考実験で、投げる方向を180度変えてみたらどうなるだろう。Bは、進行方向とは反対向きに秒速30メートルでボールを投げる。すると地上の観測者Aにとってボールは秒速70メートルで走ることになるだろう。つまり、通常の物体の運動は、観測者によって速度を変える。ところが、光速度不変の原理によれば、光の速度は、光源の運動や観測者の運動にはまったく無関係に、いかなる場合にも一定値 c となる。光だけが特別なのだろうか。それとも……。かつてアーラウ時代に、「光を光速で追いかけたなら、光は空間に凍りついてしまうのだろうか」と素朴な疑問を発してから10年の歳月が流れている。いまやアインシュタインは、この疑問にきっぱりと終止符を打ったのだ。

＊

どの観測者にとっても光速が不変だということは、奇妙な結果をもたらす。

地球上で、東に向かって等速度 v で直線運動する電車があるとしよう。電車の中央部に光源が置いてあり、ある瞬間にスイッチを押すと、前後2方向に光ビームを発射する。電車に乗っている観測者から見ると、二つのビームは、それぞれ電車の前方と後方にむかって光速 c で走り、電車の前端と後端に同時に到達する。

ではこれを地上から見るとどうなるか。

光速度不変の原理によれば、地上に静止している観測者にとっても、光ビームは東西それぞれの方向に光速 c で走る。問題は、電車が地上の観測者に対して運動していることだ。電車の後端は光ビームを迎えるように東方向に移動する。したがって西向きのビームが後端に到達したとき、東向きのビームはまだ前端には到達していない。つまり地上の観測者が観測するのはこうである。まず最初に西向きのビームが電車の後端に到達し（この出来事を《E

後》と名づけよう)、それからわずかに遅れて、東向きのビームが電車の前端に到達する(この出来事を《E前》としよう)。

地上の観測者と電車内の観測者の言い分はこうだ。

地上の観測者………「まず《E後》が先におこり、少し遅れて《E前》がおこった」

電車内の観測者……「《E後》と《E前》は同時におきた」

この水掛け論はどこまでいっても終わらないかにみえるが、それが当然なのだ。なぜといって、双方の見解はともに正しいのだから。問題は、二人の観測者が「絶対的な時間」を共有しているという、古くから馴じんできた常識にある。

電車内の観測者にとっては《E後》と《E前》が同時におこる。その同時におきた出来事が、地上の観測者には同時と観測されない。つまりある事象が同時におこるという「同時刻の判定基準」が、電車内と地上ではちがうのだ。

電車内の観測者にとってビームは前端と後端に同時に到達する。この時刻が電車内の時計で12時0分0秒だったとしよう。いっぽう地上の観測者は、「西向きビームが到達した時刻の後端」と「東向きビームが到達する直前の前端」を「同時刻」として認識する。いってみれば地上の観測者は「電車内時刻で12時0分0秒の後端」と「電車内時刻で11時59分59・999……秒の前端」を「同時刻」として観測していることになる。電車が静止していればなにも問題はない。しかし電車が等速直線運動しているばあいには、地上の観測者が観測する電車の前端と後端の「電車内時刻」は、もはや等しくない。もし前端と後端にそれぞれA・Bなる人物が乗っているとしたら、地上の観測者が観測するこの二人の人物は、違う「電車内時刻」の世界に存在していることになる。走っている電車を地上の座標系から観測すると、その前端と後端のあいだに、ある種の〝タイムマシン効果〟が生じてしまうのである。

ふだんはあまり意識していないかもしれないが、同時性という概念は、時間の測定と深いかかわりをもつ。たとえば、5時に友人が自宅にきたとしよう。これはつまり、友人が来訪したという事象と、時計が5時をさしたという事象が、同時におこったと私が確認したことを意味している。しかし右に説明したように、べつの慣性系に乗っている観測者（私の弟としよう）にとっては、友人が玄関に入ったのと、居間の時計が5時を示したのとが、「同時」には観測されない。そこで弟は、友人がきたのは5時ではないと主張することになる。

私のいる慣性系と、弟のいる慣性系とでは、流れる時間の尺度が異なっているのだから、そういう事態もおこりうる。宇宙には無限に多くの慣性系が設定でき、それぞれの慣性系では異なる時間尺度が適用されねばならない。そうして、次節で解説するように、異なる慣性系では、流れる時間のテンポも変わってしまう。時間には、絶対的な基準など存在しないのだ。

Ⅲ－5｜時間がゆっくり進む

前節では異なる慣性系における同時刻、すなわち《時刻》の問題を考察した。本節では《時間》を考える。時刻と時間は、じつは大きな違いがある。場所と場所の間隔が《距離》であるのと同様に、時刻と時刻のあいだの隔たりが《時間》となる。場所（位置）は、グラフ上では《点》であらわされるが、距離は《線》であらわされる。同じような違いが時刻と時間にもあって、時刻は《点》に、時間は《線》に対応すると考えればいいだろう。特殊相対性理論によって、異なる慣性系では《同時刻》が共有されないことが明らかになったが、では《時間》についてはどうなのか。

すでにローレンツが指摘していたように、動いている慣性系では《時間》の進むテンポが遅れる。単に時計だけが遅れるという機械的な問題ではない。高速で飛ぶロケットでは、時間の進み方そのもの――乗客の心臓の拍動も、かれらがヘッドホンで聞いている音楽のテンポも、化学反応や経年変化のスピードも、すべてが遅くなる。もちろん歳をとるのもだ。

さて時間の遅れをどう測定すればいいだろう。もし高速で飛ぶロケット内で時間のテンポそのものが遅くなるとすれば、どんなに正確な時計を積みこんでも意味がない。高速飛行するロケット内では、時計も乗客の脈拍も、すべてがシンクロして遅くなるのだから、時間の進み方が遅くなっているかどうか確かめようがない。そこであらゆる慣性系で不変な物理量を利用しよう。すなわち光速を利用した時間計測装置をつくるのだ。この理想的な装置を「光時計」とよぶ。

光時計の構造はいたって簡単。箱の天井と床に鏡を張り、光がその間を往復する［次頁の図参照］。天井の鏡には発光器と光カウンターが仕掛けられていて、光が1往復するごとに、もどってきた光を感知して光カウンターの目盛りが増えていく。この数値を見れば、測定開始から経過した時間がわかる仕組みである。この光時計を、電車に積み込んで走らせて（速さvの等速直線運動をさせて）みよう。電車内の観測者にとっては、光時計は（静止していたときと）同じテンポで時を刻みつづける。では地上に静止する観測者からみるとどうなるか。

電車の座標系では光は同じ場所を上下に往復するだけだが、地上の観測者にとってはそうではない。電車は速さvで走っているからだ。天井から発した光が床に到達するまでに電車はわずかながら進む。つまり地上の観測者からみると、光時計の光は、床面に向かって斜め下方に進み、同じように反射後は、斜め上方に進んでカウンターに入る。電車内の観測者にとっては、光は同じ場所で垂直方向に往復運動を繰り返しているだけだが、地上の観測者にとっては、光は、ジグザグに上下しながら電車の進行方向に進んでいく。進路が斜めになったぶんだけ光が走る経路は長くなり、しかし光の速度は電車内で測っても地上で測っても変

光時計

光時計の構造

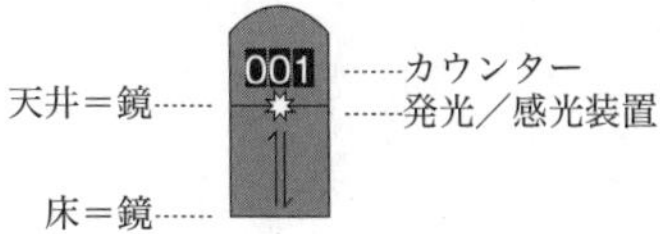

天井の発光装置から出た光ビームは、床の鏡面で反射して天井にもどり、天井の鏡で反射され、ふたたび……というサイクルを繰り返す。光が天井にもどるたびに光センサーが働き、カウンターの数値が1つずつ増える。

運動する光時計を地上から観測する

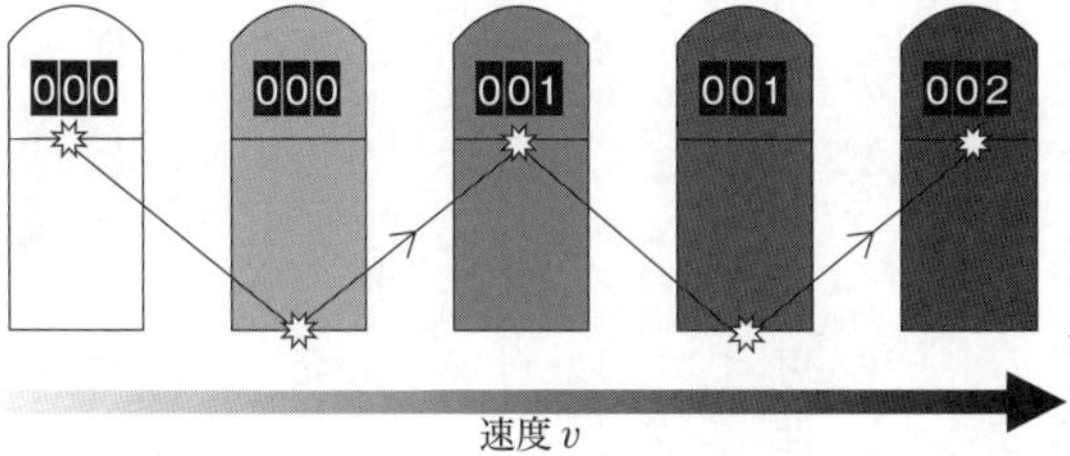

速度vで等速度運動する電車に光時計を積み込み、地上から観察すると、光ビームはジグザグの経路を進んでいく。光速度は電車内でも地上でも変わらないから、カウンターが「000」から「001」にかわるまでに経過する時間は、地上で測ったほうが長くなる。すなわち運動する時計を地上からみると、ゆっくり進むように観察される。

わらない。そこで光が1往復するのにかかる時間は、地上の観測者から見ると、長くなる。電車内では光時計が「カチ、カチ、カチ」というテンポで進んでいるのに対して、地上からみた光時計は「カーチ、カーチ、カーチ」という間のびしたテンポで時を刻みつづける。

以上の話はかなりおおざっぱで直観的なものだ。じっさいにテンポの遅れを測定する思考実験をしてみると、やっかいな問題が発生する。

光が1往復する所要時間を測定するには、光が天井を発する出発時刻と、ふたたびカウンターに戻ってくる到着時刻を正確に決定する必要がある。電車内の観測者にとっては、光は同じ場所で上下運動をしているのだから、同じ時計で（出発と到着の）二つの時刻を測定できる。けれども地上の観測者にとっては、光の出発点と到着点が別々の地点となる。したがって光の出発時刻と到着時刻を正確に測るためには、それぞれの地点に時計を置かねばならない。するとこんどは、この二つの時計が正確にシンクロ（同期）しているかどうかを確認する必要がでてくる。あらかじめ同じ場所で二つの時計を合わせておいてから運ぶ、というわけにはいかない。運搬にともなう運動で時計がくるってしまう可能性があるからだ……というわけでなんともややこしい限りだが、どうぞご安心を。これらの難問はすべて、アインシュタインがすでに考えてくれている。「運動する物体の電気力学」のなかでかれはきわめて慎重に時間の測定法について考察し、「同時性」について明確な定義をあたえた。二つの時計を合わせるという日常的な作業を、これほど厳密に考えた人間は、おそらくかれが最初だったろう。些細なこともゆるがせにしない姿勢は偏執的ともいえるほどだが、アインシュタインにいわせれば、こうした事柄に対して十分な考察をしなかったことこそ、物理学を混乱におとしいれた根本の原因なのである。

アインシュタインが慎重な考察と明快な定義をしてくれたおかげで、われわれはあまり苦労することもなく、地上の《時間t》と、地上から見た電車内の《時間t'》との関係を求めることができる。ここでいうtおよびt'は、《時刻》ではなく、経過した《時間》をあらわしている。

結果だけを記すと、

$$t'=t\sqrt{1-\left(\frac{v}{c}\right)^2}=\frac{t}{\gamma}\qquad(1)\qquad\left(\gamma=\frac{1}{\sqrt{1-\left(\frac{v}{c}\right)^2}}\right)$$

の関係がなりたつ。この変換式はローレンツがみちびいたものとまったく同じだが、重要な違いがある。ローレンツはあくまでエーテルを想定し、その影響によって時間のテンポが変わると主張した。しかしアインシュタインの理論では、エーテルはどこにも現れない。本節でみてきたように、時間の遅れは、光速度不変の原理のみを基礎としてみちびくことができるのだ。

では(1)式からどんなことがわかるだろうか。まず電車が止まっているばあいを考えよう。このとき二つの慣性系の相対速度はゼロ。そこで(1)式に$v=0$を代入して、

$$t'=t\sqrt{1-\left(\frac{0}{c}\right)^2}=t$$

をえる。ローレンツ変換のγ因子は1となり、二つの慣性系の時間はつねに等しくなる。たがいに静止しているのだから、時間の流れ方も同じであるのは当然だ。電車の速度vが増加するにしたがい、γは1より大きくなり、したがって$1/\gamma$は1より小さくなっていく。$v=0.6c$と$v=0.8c$のばあいについて、実際に計算してみよう。

$v=0.6c$のとき　$t'=0.8t$　$(t'=t\sqrt{1-(0.6)^2}=t\sqrt{1-0.36}=0.8t)$

$v=0.8c$のとき　$t'=0.6t$　$(t'=t\sqrt{1-(0.8)^2}=t\sqrt{1-0.64}=0.6t)$

つまり地上の時計が10秒間進むあいだに、電車内の時計は8秒しか（第二のケースでは6秒しか）進まないことになる。地上で10年が経過しても電車内では8年しか経過しないわけ

だから、これは電車内で時間の進み方が遅くなることを意味している。といっても、電車内の乗客には、この時間の遅れは感知できず、静止しているときとまったく同じテンポで時間が流れていると感じている。あくまでも、地上に静止した観測者から見ると電車内の時計がゆっくり進んでいるように見えるだけだ、ということを忘れないでほしい。観測者と観測対象との相対速度vが光速cに近づくにつれて、両者の時空尺度のズレは大きくなっていく。そうして$v = c$すなわち光速に達したときには、(1)式により$t' = 0$。つまり地上の観測者から見ると、光速で飛ぶロケット内では時間が静止してしまう。もちろんロケット内の観測者にとっては、ロケット内の時計は正常に時を刻みつづけているのだが……。

こうした時間の遅れが、日常生活で問題になることがあるだろうか。例として音速ジェット機を考えよう。大まかな見積もりであるから、音速を秒速300メートルとする。速いようでも音速は、光速の100万分の1にしかならないのだ。これを(1)式に代入して計算すると、このジェット機で1年間飛びつづけたとしても、機上での時間の遅れは6万分の1秒ほどにすぎないことがわかる。特殊相対性理論による時間の遅れの効果は、日常生活ではまったく問題にならないといっていい。だが将来、高速ロケットによる宇宙旅行が実現すれば、時間の遅れは無視できなくなる。そこで有名な「双子のパラドックス」を紹介して、時間の遅れの意味を再考してみよう。

＊

太郎と次郎は双生児である。20歳の誕生日に太郎は光の80パーセントの速度で飛ぶロケットで宇宙旅行にでかけ、いっぽう次郎は地球に残ってごくあたりまえの生活を送ることになった。地球上で30年が経過して次郎が50歳になったとき、太郎が宇宙旅行から帰ってきた。ロケット内での経過時間は、(1)式によれば18年となる。兄の若々しい姿を目の当たりにして、次郎は大いに驚く。自分は50歳になっているのに、太郎はまだ38歳だとは！　まさに浦島太郎のお話が現実になったわけだが、どこか奇妙な点はないだろうか。相対性理論に反対する人びとが攻撃したのは、そこだった。

「相対性原理によれば、上の議論で太郎と次郎の立場をそっくり入れ換えても事情は変わらないはずだ。つまりロケット上の座標系を静止系とみなし、そこから地球上に定めた座標系をみれば、次郎が地球とともに宇宙旅行して、ロケット内に止まっている太郎のもとに帰還した、と考えることができる。そのときには次郎の時間が遅れるから、次郎が38歳で太郎が50歳になっているはずだ。こんなパラドックスが生じるのは、相対性理論がまちがっているからだ」

なるほど、一見正しいように思えるこの意見には、重大な落とし穴が隠されている。もういちど相対性原理を思い出してほしい。〈すべての慣性系〉というくだりだ。そう、特殊相対性理論は慣性系にたつ観測者のあいだにしか成立しない。つまり特殊相対性理論にもとづいて太郎と次郎の立場を入れ換えるには、二人が相対的に等速直線運動していることが条件になる。しかし太郎の乗ったロケットは、まず発射時に加速し、折り返し点ではエンジンを逆噴射してUターンし、ふたたび地球へ向けて加速し、着陸時にも減速する。これは、短時間ではあるが（加速および減速時に）外力が加わり、ロケットが慣性系でなくなったことを意味している。いっぽうの次郎はずっと慣性系にいるのだから、太郎と次郎の立場は相対論的に対等ではなく、したがって両者の立場を交換することはできない。あえて両者を対等な立場に置くとすれば、次郎は地球とともに全宇宙をひきずって運動し、全宇宙とともに180度反転して太郎のもとに帰ってくるという「全宇宙的な運動」を考えねばならない（まったく無謀な考えと思われるかもしれないが、エルンスト・マッハによるニュートン力学批判の核心となる発想である。アインシュタインはマッハの思想に強い影響を受けた）。いずれにせよ太郎と次郎の立場は、物理学的に明確に異なっているので、それを入れ換えることはできない。一般に、ある慣性系Aから出発してふたたびAに戻ってくるような座標系B（非慣性系）を想定すると、Bの時間はかならずAの時間より遅れる。

特殊相対性理論による「ウラシマ効果」は実際に観察することができるのだろうか。日常生活では問題にならないような時間の遅れの効果も、光速に近い速さで走る素粒子には大きな影響をおよぼす。地球には宇宙空間から高エネルギーの宇宙線（素粒子）が降り注いでいるが、こうした素粒子のなかに「ウラシマ効果」をはっきりと確認することができるのだ。宇宙線は大気圏上層でさまざまな分子と反応し、そこで大量のμ《ミュー》粒子が発生する。μ粒子は電子の約207倍の質量をもつ荷電粒子で、わずか1・5マイクロ秒（1マイクロ秒は100万分の1秒）の半減期で、電子と2種のニュートリノに崩壊してしまう。半減期とは、放射性の原子や素粒子などが分裂して当初の半分の個数になるまでの時間だから、大気圏上層で生成されたμ粒子のすべてが光速で飛んだとしても、半数は450メートル以内に崩壊してしまう計算だ。この率で崩壊が進むと約15キロの大気圏を飛ぶうちにμ粒子の数は10億分の1に減ってしまうはずだが、それにもかかわらず地上には大量のμ粒子が降りそそぐ。μ粒子が光速に近いスピードで飛ぶため（つまりμ粒子が静止する慣性系は地球上の慣性系に対して光速に近いスピードで走っているため）、時間がゆっくり進む。そこで地上の観測者にとっては、μ粒子の寿命がのびたように観測される、というわけだ。地上まで大量のμ粒子がふりそそいでいることは、特殊相対性理論が正しいという否定しがたい証拠のひとつなのである。

III－6　物差しが縮む

動いている物体の長さは、どのように測ればいいだろう。物体が静止していれば、定規をあてがって簡単に長さがわかる。物体の先端が8・3センチの目盛りを示し、後端が20・5センチの目盛りを示したとすると、その長さは差しひき12・2センチメートルとなる。つまり物体の長さとは、物体の先端の位置と後端の位置との距離と定義できるが、じつはそれだけでは十分ではない。たとえば走っている列車の長さを計測するのに、ある時刻の前端の位置と、その1秒後の後端の位置を測定しても意味はない。物体の長さを正しく知るためには「同時刻における前端と後端」の位置を測定する必要があるのだが、しかし前々節でみたように「同時刻」の概念は慣性系によって変わる。とすれば測定される物体の長さも、慣性系ごとに異なってくるにちがいない。

地球と月のあいだに綱をはり、その長さを測るという思考実験をしてみよう。このとき地球と月の相対的な位置関係は変わらないとする。この綱にそって等速度vで直線飛行するロケットに観測者Aが乗っており、いっぽうの端（地球）から他端（月）まで飛ぶのにかかった時間を計測して綱の長さを測定しようというのだ。所要時間はロケット上の時計（固有時間）ではt'で、地球上の観測者Bの時計ではtだった。

地球上の観測者にとって綱は静止している。その綱の端から端までロケットが速度vで飛ぶのにt秒間かかったわけだから、観測者Bの測定する綱の長さlは《$l=v\times t$》となる。

いっぽうロケット内の観測者Aにとっては、綱が速度vで後方に移動することになる。綱の前端が通りすぎてから後端が通りすぎるまでにかかった時間はt'だから、観測者Aの測定する綱の長さl'は《$l'=v\times t'$》だ。この二つの式と前節の(1)式からlとl'の関係式がみちびける。

$$l'=l\sqrt{1-\left(\frac{v}{c}\right)^2}=\frac{l}{\gamma} \qquad (2)$$

明らかにl'はlより短い。試みに(2)式にv＝0・6cとv＝0・8cを代入すると、

v＝0・6cのとき　l'＝0・8l　$(l'=l\sqrt{1-(0.6)^2}=l\sqrt{1-0.36}=0.8l)$

v＝0・8cのとき　l'＝0・6l　$(l'=l\sqrt{1-(0.8)^2}=l\sqrt{1-0.64}=0.6l)$

となる。つまり、動いている物体を測定すると、その長さは運動方向に縮むのだ。これをローレンツ収縮とよぶ。ロケットが光速の60パーセントで飛べば、ロケットの長さは80パーセントに収縮して観測される。長さが収縮する割合は、時間の遅れの割合に等しいことに注意してほしい。

「綱はあくまでまっすぐに張られているのだから、綱が縮まない限りその長さが短くなるのはおかしい」といわれる方があるかもしれない。しかしこの質問は、異なる慣性系における時間についての質問と同様に、意味がない。特殊相対性理論によれば、そもそも絶対的な長さ（絶対空間）など存在しないからだ。長さも時間も、それをどのような慣性系から観測す

るかによって変わってくるのである。

逆にロケットに乗った観測者が、地上の時計や物差しを眺めたばあいを想定してみればいい。地上にいるあなたにとっては時計のテンポは不変だし、物差しの長さが変わることもない。しかしそれでも、ロケットの観測者からみると、地上の時計は遅れ、物差しは縮んで見える。等速直線運動が相対的だというのはそういうことで、ようするに「おたがいさま」なのだ。問題は、われわれが自分のいる座標系の空間尺度と時間尺度によってしか、対象を観測できないというところにある。観測対象が動いているばあいには、観測者の時空の尺度と、観測対象の時空の尺度は共通ではないということを理解しておかねばならない。

(1)式と(2)式から、もうひとつ重要なことがわかる。慣性系どうしの相対速度 v は光速 c を超えることができないのだ。まず二つの式に《$v=c$》を代入してみよう。

$$t'=t\sqrt{1-\left(\frac{c}{c}\right)^2}=t\times0=0$$

$$l'=l\sqrt{1-\left(\frac{c}{c}\right)^2}=l\times0=0$$

t' も l' もゼロ——つまり時間は停止し、物体の長さは収縮してゼロになってしまう。そしてvが光速cを超えると、(1)式も(2)式も、根号のなかがマイナスとなって、t'やl'は虚数になる。時間や長さが虚数になることはありえないから、慣性系どうしの相対速度は、光速cを超えられない。つまり相対性理論は、いかなる物体も光速より速く運動することはできないという、速さの限界がcであることを示してもいるのだ。

ひとつつけ加えると、ここまでの話とは矛盾しているようではあるが、光速は絶対に超えられないというわけではない。たとえば地球からレーザービームを月に向けて継続的に放射する。このレーザー装置を1秒間で左から右へ180度ふってやる。すると38・5万キロメートル先の月面上のビームの光点は、秒速120万キロメートルで動くことになる。光速の4倍のスピードであり、これは光速度不変の原理に矛盾する？　いや大丈夫なのだ。ビームの光点が月面上のAからBまで超光速で走ったとしても、そのことによって、A点からB点に情報（あるいは結果としてなんらかの事象をひきおこすような原因）が送られていないからである。A点からB点になにかの情報を送るとすれば、いったん情報を地球に送り、その情報をレーザー光に乗せたうえでB点に送る必要がある。これなら情報伝達は光速を超えない。A点の情報を「原因」としてB点でその情報を受け取るという「結果」が生じたのであるから、これを「因果関係」という。あらゆる現象は、原因があって結果が生じるが、もし光速以上で情報が伝わると、結果が先で原因が後という因果関係の逆転がおこる。たとえば「私の足から血が出たあとで、私がころんだ」という奇妙なことになって、はなはだぐあいが悪い。相対性理論は、そうした因果関係の混乱が決しておこりえないという保証をあたえてもくれるのだ。

＊

さて長さの収縮に関しても興味ぶかいパラドックスがある。全長３００メートルの列車が長さ１８０メートルの橋を渡っていたとする。この列車は橋より１２０メートル長いから、橋からはみ出すことは明らかだ。しかし列車の速さが光速の80パーセント（秒速24万キロ）だとすれば、式⑵によって、地上の観測者から見た列車の長さはもとの長さの60パーセントすなわち１８０メートルとなり橋にぴったりおさまる。しかし列車の乗客から見ると、列車は静止しており、橋が反対方向に光速の80パーセントで動いていることになる。すると橋の長さはもとの長さの60パーセントすなわち１０８メートルになり、列車は橋から１９２メートルもはみだしてしまう。地上の観測者と乗客の、いったいどちらの主張が正しいのだろうか。

まず地上の観測者が列車の長さをどのように測るかを考えてみよう。橋が東西方向に架かっており、列車は東向きに走っているとして、地上の観測者が列車の先端と後端の位置を同時に観測できるよう、橋の東端と西端にシンクロさせた時計をおく。時計をシンクロさせるためには、橋の中点から光を発し、二つの時計がその光を受けて動き出すようにすればよい。こうして地上の観測者は、列車の先端が橋の東端に、後端が橋の西端に、同時刻にあることを確認できる。つまり列車の長さと橋の長さは、同じだと観測される。

いっぽう乗客からみると、二つの時計は正しくシンクロしていない。東端と西端に置かれた時計はいずれも乗客の後方に光速の80パーセントで動いている。すると橋の中点から発した光は、先に東端に届く。つまり東端の時計がスタートしてから、西端の時計が動きはじめるまでに少し時間がかかるのだ（この時間差Δtは簡単に計算できるが、詳細は省く）。そこで乗客が観測する状況はつぎのようになる。橋の長さは108メートルに縮む。列車の先端が東端に一致したとき、橋の後ろにはまだ列車が192メートル残っているが、この時間差Δtのあいだに、橋は後方に192メートル移動し（その西端が）列車の後端に達する。

列車の先端が橋の東端と一致した瞬間を《T前》とし、後端が西端と一致した瞬間を《T後》としよう。地上の観測者にとって《T前》と《T後》は同時刻と観察されるが、列車内の観測者にはまず《T前》がおき、それから（列車内の時間で）Δt秒後に《T後》がおきる。つまりこれはパラドックスでもなんでもなく、Ⅲ-4節ですでに考察ずみの問題なのだ。

二人の観測者の主張はいずれも正しいことがわかった。常識から判断するとパラドックスに見える現象も、同時刻が相対的であること、したがって時間や長さが絶対的ではない、という特殊相対性理論の主張を考慮すれば、合理的に理解することができる。

Ⅲ－７｜ニュートンを超えて

宇宙には無数の慣性系が存在し、それらの慣性系ではそれぞれ固有の時間が流れ、固有の尺度をもつ空間がある。91頁の式⑴と98頁の式⑵は、これら異なる慣性系における《時間》と《長さ（距離）》の数量的な関係をあたえる等式で、特殊相対性理論の根幹にかかわるものである。この関係式を最初に発見したのは、前にものべたようにアインシュタインではなく、ローレンツだった。かれは１９０４年の論文で、ある事象がおきた《時刻》と《場所》の座標値が、異なる座標系のあいだでどう変換されるかの変換式をみちびき、この「ローレンツ変換」式が「どこでもなりたつ普遍的な物理学」の構築にきわめて重要な役割をはたすことを明らかにした。電磁気学の基本法則たるマクスウェル方程式が「どの慣性系でもおなじ形式で書きあらわされる」ためには、それぞれの慣性系で観測した《時刻》と《場所》の座標値のあいだに「ローレンツ変換」がなりたたねばならないことを示したのだ。このときローレンツは、相対性理論にほとんど到達しかけていたのだが、エーテルが足かせとなって最後の一歩を踏み出すことはできなかった。

19世紀ヨーロッパの物理学者にとって、エーテルは最大の関心事のひとつだった。19世紀のはじめには、光の媒質としてのエーテルの正当性そのものが議論されたが、やがて光の波動性が確認されると、エーテル問題の中心は、その存在を実証しつつエーテル自体の物理的性質を明らかにすることへと移行した。19世紀末から20世紀初頭にかけては、理論面ではエーテルと物体運動の関係が考察され、また実験面ではエーテルの存在によって引き起こされるであろう現象を観測するためのさまざまな試みがくわだてられた。エーテルは、地表面はもちろん、物質の内側にも浸透しているから、いろいろな物理現象に影響をあたえるはずだ。しかしマイケルソン＝モーリーの実験にみられるように、エーテルの効果を見いだす試みはすべて失敗におわった。エーテルの存在を前提としたローレンツやポアンカレは、新しい実験結果が報告されるたびに、その説明に苦慮しつつも巧妙なメカニズムを導入して実験との矛盾を切り抜けた。エーテルは、電磁現象や光学現象に原理的に影響をあたえるが、いくつかの効果が厳密に相殺しているので実験では検出できない、と考えたのである。それらの議論はエーテルの存在を自明の事実として受け入れたものであり、ニュートン力学における時間と空間の絶対基準を再考するという視点をもたなかった。それは、今日理解されている相対論でもなければ、その未完成版でもなかった。

アインシュタインが１９０５年に提出した論文の目的は、電気力学と力学における運動に関する不整合を統一する理論を構築することであった。それは既知の事実をあれこれ再構成することによって達成されうるものではなく、ある一般的な原理の発見によってこそ可能になる、という強い信念をアインシュタインはもっていた。かれは、それまでのエーテルにま

ガリレイ変換とローレンツ変換

地上の静止系Kに対して速度vで等速運動するK'系がある。ある事象がおきた場所と時刻の座標が、K系では（x, t）、K'系では（x', t'）であらわされるとき、これらの座標値のあいだには、「ガリレイ変換」と「ローレンツ変換」でそれぞれ次のような変換式がなりたつ。

ガリレイ変換

$$\begin{cases} x'=x-vt \\ t'=t \end{cases}$$

ローレンツ変換

$$\begin{cases} x'=\dfrac{x-vt}{\sqrt{1-\left(\dfrac{v}{c}\right)^2}} \\[2ex] t'=\dfrac{t-\dfrac{xv}{c^2}}{\sqrt{1-\left(\dfrac{v}{c}\right)^2}} \end{cases}$$

つわる議論や、電磁現象についての議論に内在する矛盾のすべてが、究極的には、時間と空間についての常識的な理解のなかにあることを見抜いたのだ。論文のなかでアインシュタインは、同時刻の定義、長さと時間の相対性といった、ごく常識的な、それでいて本質的に重要な概念をていねいに説明しつつローレンツ変換の表式をみちびきだしている。それは、かたちの上ではローレンツが導出したものと同じだが、その基礎にある時間・空間についての発想はまったく異質のものである。

話はもどるが、二つの慣性系のあいだの座標値の変換式はニュートン力学にもある。近代科学の父といわれるガリレオ・ガリレイにちなんで「ガリレイ変換」とよばれる変換式だ。ここで、相対性理論における「ローレンツ変換」と、ニュートン力学における「ガリレイ変換」

をみながら、もういちど、二つの理論のちがいを確かめておこう。

ある事象Pがおきた位置と時刻を二人の物理学者が観測したとする。地上に設置した座標系に静止している物理学者Aが観測した座標値（位置xと時刻t）と、速度vで等速直線運動する電車内に設置した座標系に静止する物理学者Bが観測した座標値（x'とt'）は、当然ながら異なる数値を示す。Aが測定した座標値と、Bが測定した座標値のあいだになりたつ数値関係を示すのが「変換式」である。

まず「ガリレイ変換」からいこう。時刻の変換式をみると、AとBが観測する時刻が等しいことがわかる。位置の変換式についてはどうだろう。Aが観測した2地点間の距離と、Bが測った距離とをこの変換式で求めて較べると、等しくなることがわかる。つまりガリレイ変換にしたがうかぎり、どの慣性系にも共通の時間が流れ、また物体の長さはどの慣性系でも同じ長さに測定される。「ガリレイ＝ニュートンの宇宙」では、唯一無二の絶対時間が流れ、尺度が不変な絶対空間がどこまでもひろがっていることになる。さらに重要なのは、ニュートンの運動方程式が「ガリレイ変換に対して不変である」ことだ。ニュートン方程式は《時刻》と《位置》の関数だが、この方程式にAの座標値を入れてもBの座標値を入れても、方程式は同じ形式で書くことができる。つまり「すべての慣性系において力学法則は同等」なのである。

では「ローレンツ変換」ではどうか。変換式は複雑で、時間の値と空間の値がないまざっている。すでに見たように、この変換式にしたがうと、運動する慣性系では時間が遅れ、運動する物体は「ローレンツ収縮」する。ガリレイ変換のようにすっきりしてはいないが、メリットはマクスウェル方程式が「ローレンツ変換に対して不変である」という点だ。つまりローレンツ変換にしたがえば「すべての慣性系において電磁気法則は同等」になる。問題なのは、ニュートンの運動方程式がローレンツ変換に対して不変ではないこと、そしてマクスウェル方程式がガリレイ変換に対して不変ではないことだ。さあどうするか？

マクスウェル方程式によれば、真空中の光速は一定である（真空中の誘電率と透磁率のみに依存し、光源の運動には依存しない）。いっぽうニュートン力学によれば、光の速度は光源の運動状態によってcより速くも遅くもなる。「ガリレイ変換」では二つの速度の合成は単純な加減算になるから、これを光に当てはめられないことは明らかだった。しかし、だからといって物理学者たちが「ガリレイ変換」を捨てて「ローレンツ変換」を即座に採用する、というわけにはいかなかった。さしものアインシュタインも、これには頭を悩ませた。

1922年（大正11）12月14日に京都帝国大学で行なわれた講演で語ったところによれば、当初はかれ自身も、ローレンツの時間についての考え方を変更しなければならないと思いつつ、ほとんど1年ばかりを無効な考察に費やしたという。

〈ところがベルン（スイス）に居た一人の私の友人が偶然に私を助けてくれました。或る美わしい日でした。私は彼を尋ねてこう語りかけたのです。／「私は近ごろどうしても自分に判らない問題を一つ持っている。きょうはお前のところにその戦争をもち込んで来たのだ」と。私はそしていろいろな議論を彼との間に試みました。私はそれによって翻然として悟ることが出来るようになりました。次の日に私はすぐもう一度彼のもとに行って、そしていきなり言いました。／「ありがとう。私はもう自分の問題をすっかり解いてしまったよ」／私の解というのは、それは実に時間の概念に対するものであったのでした。つまり時間は絶対に定義せられるものではなく、時間と信号速度との間に離すことの出来ない関係があるということがらです。以前の異常な困難はこれで初めてすっかりと解くことが出来たのでした〉〈この思い付きの後、5週間で今の特殊相対性理論が成り立ったのです。私はそれがまた哲学的に見てもはなはだ至当のものであることを疑いませんでした。そしてそれはマッハの論とも一致すべきことを見ました。……かようにして特殊相対性理論は生れたのでした(11)〉

キーポイントは時間だった。絶対的な時間をあきらめたとたんすべての困難が解消し、アインシュタインは特殊相対性理論を完成させることができた。論文「運動する物体の電気力学」が雑誌に受理されたのが1905年6月30日だったから、右の議論が行なわれたのは5月の半ばごろだったろうか。相手をつとめたのは特許局の友人ミケーレ・ベッソー（1873〜1955）だった。アインシュタインは、論文をこう締めくくっている。

〈終りに臨み、この研究に際して、ここに扱った問題に対し、私の友人であり、また同僚の一人であるM・ベッソーの協力と、数々の貴重な提案に助けられたことを、ここに記すもの

である[05]〉

Ⅲ−8｜速度の足し算

長さの収縮のところでのべたように、特殊相対性理論によれば、いかなる物体も光よりも速く運動することはできない。しかし自然界はいったいどんなふうに、その制限速度を守っているのだろうか。それを念頭においたうえで、つぎのような思考実験をしてみよう。光速の80パーセントの速さで弾丸を発射できる大砲を用意する。この大砲を光速の60パーセントで飛ぶ宇宙船に搭載して、前方に弾丸を発射する。地上の観測者が弾丸の速さを測定するとどうなるだろうか。宇宙船は地上に対して0・6cの速度で飛行しており、その宇宙船に対して弾丸は0・8cの速度で射出される。ならば地上からみた弾丸の速度は、両者を足しあわせて、1・4cとなりそうなものだが、これでは光速を超えてしまい、特殊相対性理論の予測と矛盾する。こんなに明快な計算の、いったいどこが間違っているのだろうか。運動の定義にさかのぼれば、速さとは、物体が移動した距離を、移動に要した時間で割ることによって求められる。すなわち、

《速さ》＝《距離》÷《時間》

である。しかしある慣性系でこの式がなりたっているとしても、べつの慣性系から見たばあいには、距離も時間も異なった値として観測されてしまう。右の思考実験でいうと、弾丸の速度は、宇宙船の座標系で測定した《飛行距離》を宇宙船の時計で測った《所要時間》で割ったものだ。宇宙船は地上に対して高速で飛んでいるから、地上に静止する観測者が弾丸の速度を計算するのに、宇宙船の座標値をそのまま使用するわけにはいかない。静止系から運動系を眺めたばあい、ローレンツ変換にしたがって距離は短縮され時間は遅れるからだ。高速で飛ぶ宇宙船から発射された弾丸の対地速度を特殊相対性理論で割り出すばあいも、その計算式はローレンツ変換をとりこんだものになることが想像できる。ローレンツ変換を使ってアインシュタインがみちびいた速度の合成則は、

$$w=\frac{u+v}{1+\left(\frac{uv}{c^2}\right)} \qquad (3)$$

というものだった。右の思考実験でいえば、uが弾丸の速さ、vは宇宙船の速さ、wは両者を合成した速度（地上からみた弾丸の速度）となる。それぞれの数値を代入すると、

$$w=\frac{(0.6c+0.8c)}{1+\left(\frac{0.48c^2}{c^2}\right)}=0.946c$$

となって、合成速度は光速を超えずにすむ。uとvのどちらか一方がcのばあいも、両方がcのときでもwはcになる。特殊相対性理論が定める宇宙の制限速度cが遵守されるよう、速度の合成式(3)はまことに巧妙につくられているのだ。

　光源が猛スピードで遠ざかりつつあっても、逆に近づきつつあっても、光源からくる光の速度wは、(3)式により、つねにcとなる。マイケルソン＝モーリーの実験で、どの方向からくる光の速度も等しくcであった理由が、これでおわかりいただけただろう。日常生活では、一般にuもvも光速cに較べればはるかに小さく、《$uv/c^2=0$》とみなしていいから、式(3)は、

$$w=u+v \quad (4)$$

と書くことができる。これがニュートン力学における速度の合成則であり、またわれわれが直観的かつ無批判に行なってきた速度の足し算である。時速60キロメートルの自動車と時速

90キロメートルの自動車が正面衝突すれば、相対速度は時速150キロメートルとなるが、これは厳密な意味においては、正しくない。式(4)は、特殊相対性理論の効果が無視できる速度域でのみ適用できる、近似的な数式だということを覚えておいていただきたい。

アインシュタインがみちびいた(3)の速度合成式はたしかにうまく出来ているけれど、現実の世界では検証されているのだろうか。

1964年、ジュネーヴにあるCERN《セルン》（欧州合同原子核研究機関）で、速度の合成則を確認する興味ぶかい実験が行なわれた。高エネルギー加速器で、陽子を光速ちかくまで加速して、標的物質と衝突させると、多数の高速素粒子が発生する。この粒子群のなかのパイ中間子π^0を追跡し、速度を測定してみたのだ。π^0は電気的には中性で、静止していると半減期2×10のマイナス16乗秒で二つのガンマ線に崩壊する。衝突で発生するπ^0の速さはu＝0・99975cであり、ほとんど光速に近かった。いっぽうガンマ線は、電磁波すなわち光だから、もちろん光速cで飛ぶ。もしかりに、単純な速度の合成式(4)がなりたつとすれば、π^0の進行方向に放出されるガンマ線の速度は、静止系に対して1・99975c、すなわち光速の約2倍の速さで飛ぶことになる。いっぽう特殊相対性理論の速度合成則によれば、その速さwは、式(3)に従って、

$$w=\frac{0.99975c+c}{1+\left(\frac{0.99975c^2}{c^2}\right)}=c$$

となり、やはり光速と一致する。１９６４年の実験では誤差1万分の1の測定精度で、ガンマ線の速度が光速に一致することが実証された。

Ⅲ−9｜質量も変化する

ニュートン力学には、三つの基本的な物理量として《時間》《空間》《質量》があり、物体の運動は、すべてこの3種の物理量を用いて記述することができる。たとえば、等速運動する物体がt秒間（s）にxメートル（m）進んだとすると、その速度vは、

$$v=\frac{x}{t}\,(\mathrm{m/s})$$

と書ける。つまり速度vは《空間÷時間》である。

物体の速度は、つねに一定とはかぎらない。たとえば落下する物体は次第に速度が増加していくが、こうした運動は加速度αを使って記述できる。停止していた電車がt秒間で秒速0メートルから秒速wメートルまで加速したとすれば、その加速度αは、

$$\alpha = \frac{w}{t}\,(\mathrm{m/s^2})$$

となる。時間とともに空間的な位置が変わっていく割合が《速度》であり、時間とともに《速度》が変わっていく割合が《加速度》である。そこで加速度は《速度÷時間》と定義され、その次元は《空間÷(時間)^2》となる。運動する物体の加速度は、《力》を考える上できわめて重要だ。

慣性の法則によれば、外部から力が加わらないかぎり、物体の運動状態は変わらなかった。裏を返せば、外力が加わると物体の運動状態は変わるのだ。加速とは運動する物体の速度や向きが変わることであり、物体を加速するためには外部から力を加えてやらねばならない。この外からの《力》と《加速度》とのあいだに、ニュートンは単純な関係がなりたつことを見いだした。これがニュートン力学の第二法則である。

$$F = m\alpha \qquad (5)$$

この法則が意味しているのは、物体に外からの《力》Fが働くと《加速度》αが生じること、そしてαの大きさは物体の《質量》mに反比例することだ。力を加えつづけるかぎり、加速度は持続的に作用し、物体の速度は文字どおり加速度的に増加していく。

ここで問題となるのは、ニュートンの第二法則に従うと、力を加えつづけるかぎり物体の速度はどんどん大きくなっていくこと。なんどもくりかえすが、物体の速度は光速を超えられない。いったいどうやって制限速度を守らせればいいのだろう。

物体が落下するさい、落下速度が次第に増加していくのは、重力が作用しつづけているからだ。地表での重力加速度の大きさは、9・8（m/s^2）で、高さ40メートルの場所から物体を静かに（初速度ゼロで）落とすと、物体は約3秒後に地上に達する。重い物体でも軽い物体でも（真空中で実験するかぎり）、この所要時間は変わらない。地面への衝突速度も、同じく物体の質量には無関係に一定で、秒速約30メートルとなる。念のためつけ加えておくと、力・加速度・速度などの物理量は、大きさと方向をもつ量（これをベクトル量とよぶ）であるが、ここでは大きさだけ（これをスカラー量とよぶ）を問題にする。厳密には、速度といったときにはベクトル量を、速さはスカラー量をあらわすが、本書では混乱のないかぎり両者を区別しないで使っている。

つぎのような思考実験をしてみよう。

宇宙空間に静止していた宇宙船がエンジンに点火して加速をはじめる。その加速度は、地球の重力加速度 $g=9.8$ (m/s^2) に等しくなるよう調整されている。地面に向かって落下する物体とまったく同じように加速するということだ。ただし落下物体は、地表面に激突したところで止まってしまうけれど、この宇宙船のばあいは無限遠方に向かって加速していく。このとき宇宙船の乗客は、地上での重力と同じ強さの力で床面に押しつけられるはずである（宇宙船の加速度と重力加速度の同等性については、次章で詳しく説明する）。さて、古典物理学にしたがえば、この宇宙船は毎秒9・8 (m/s^2) ずつ速度をあげていくので、発進から t 秒経過したときの速度 v は、

$$v=9.8t$$

であらわされる。同じ力が持続的に宇宙船に働きつづけ、加速度がこのまま維持されるとすると、宇宙船は《3.1×10^7》秒後、すなわち359日ほどで光速に到達する。これ以後、宇宙船は光速を超えた速度でさらに加速しながら飛びつづけることになり、特殊相対性理論ではその運動を記述できなくなる。しかし内部の乗客にとっては宇宙船は静止しており、コーヒーを飲んだりお喋りをしたり、地上とまったく変わらない生活をつづけている。ではかれ

らが窓の外に目をやると、いったい何が見えるだろう？　超光速で後退する宇宙？……いや、ちょっと待てよ。超光速の宇宙船にはどんな光も追いつけず、逆に光が追い抜かれていくはずだ。とすると宇宙船が進めば進むほど、古い時代の光に出会うことになるではないか。ならば宇宙船の窓から見えるのは、逆回転ビデオのように、過去に向かって若返っていく宇宙の姿ではなかろうか？

＊

ロケットを亜光速まで加速するのは現代の技術でも不可能だが、加速器をつかえば素粒子のスピードを亜光速域まであげることは容易にできる。とすると電子や陽子を長時間にわたり加速しつづけることで、光速を超えさせることはできないのだろうか。１９７４年、アメリカ西海岸にあるスタンフォード大学の線形加速器研究所（ＳＬＡＣ）で、高エネルギー領域に加速された電子の速度を調べる実験が行なわれた。電子を最高エネルギー《3.3×10^{-9}》ジュール（ジュールはエネルギーの単位）まで加速し、この電子が１キロメートルを飛ぶのにかかる所要時間を測定して速度を求めたところ、電子の速さは非常によい精度で光速に一致した。ところが古典力学を用いて、この電子の速度を計算してみると、なんと v＝２８３c。光速の３００倍ちかい数値が出てきてしまうのだ！　いったいどういうことなのか。

古典力学では、粒子の運動エネルギーは、質量 m と速さ v を用いて、

$$E=\frac{mv^2}{2} \qquad (6)$$

とあらわされる。この式にもとづき、実験でのエネルギー値と電子の質量（9.1093897×10^{-31}kg）から電子の速度を計算すると283cという答えがはじきだされてしまう。とすれば古典力学からみちびかれた式(6)のどこかがおかしいことになる。たしかに光速で飛ぶ電子の座標系では時間も長さも変わってしまうのだから、エネルギーの表式を求めるのに古典力学が適用できないことは予想できる。しかし相対性理論は、ここでもまた驚くべき予測をみちびきだす。高速で運動する物体の時間や長さが変化するように、その質量も変化するというのである。

加速器に素粒子をみちびき入れ、外からエネルギーを加えてやれば、素粒子が受けとり蓄積するエネルギーはいくらでも大きくなっていく。しかし特殊相対性理論によれば、素粒子には光速という制限速度があるから、その古典的な運動エネルギーは《$E=\frac{1}{2}mc^2$》を超えられない。光速を超えないという条件のもとで、素粒子の運動エネルギーをどこまでも大きくしようとすれば、質量を増やしてやるほかはない。つまりもうこれ以上は速度を上げられないという限度を超えてエネルギーが注ぎこまれたばあいには、物体の質量が大きくなることでエネルギーの増加分を吸収するというわけだ。ニュートンの第二法則《$F=m\alpha$》からわかるように、加速度αの大きさは、物体の質量mに反比例する。運動速度vが大きくなるにつれて物体の質量が大きくなるとすれば、それと反比例して加速度は減少していくことになり、これは光速という速度制限を遵守するうえでは、まことに都合がいい。特殊相対性理論によれば、光速で運動する物体の質量は無限大となる。このとき物体の加速度は（ニュートンの第二法則からわかるように）ゼロとなり、もうこれ以上スピードは上げられない。宇宙の制限速度が自動的に守られるように、あらかじめ時間と空間の枠組みが仕組まれているのだ。

Ⅲ-10｜運動量の保存

ニュートン力学には「エネルギーの保存則」と「運動量の保存則」とよぶ二つの重要な法則がある。運動量pとは、物体の《質量》mと《速度》vの積、

$$p=mv \qquad (7)$$

であり、衝突のときの衝撃力と考えていい。なぜこんな物理量を計算するのかといえば、たとえば二つの運動物体A、Bが衝突する前後の運動を算出するのにたいへん便利だからだ。

衝突前のAとBの運動量p_Aとp_Bの和は、衝突後のAとBのそれぞれの運動量p'_Aとp'_Bの和と等しい。すなわち「運動量保存の法則」とは、「衝突前の運動量の総和＝衝突後の運動量の総和」である。

ある物理量が保存されるということは「等号でつなげる」ということで、それは方程式を書く前提となるものだ。万物は流転し動いていくけれども、なにかの反応や物理的事象の「起きる前」と「起きた後」で変わらない物理量を発見できれば、それを足がかりに流転のメカニズムを明らかにできるだろう。たとえば70℃の熱湯と10℃の水を混ぜ合わせるばあい、総カロリー量がわかっていれば（熱量の保存則によって）混ぜ合わせたお湯の温度を予測できる。飛んできた二つの物体が衝突したとき、衝突の前後で運動量の総和が不変であることを知っていれば、いっぽうの物体の衝突後の運動方向と速度から、もういっぽうの物体の運動を正しく予測することができる。物体を落下させるばあいには、物体の位置や速度が変わっても、物体がもつエネルギーの総和（運動エネルギーと位置エネルギーの和）が不変であることを知っていれば、たとえば着地時の速度を簡単に知ることができる。

「運動量の保存則」や「エネルギーの保存則」は、それゆえ運動を考えるうえで不可欠の黄金則であり、相対性理論もまたこれら二つの保存則を要請する。しかしエネルギーと運動量は、式(6)と式(7)を見てもわかるとおり、質量に関係している。その質量が慣性系によって変わってくるとすれば、不変の質量を前提として定義した古典力学の保存則も、内容の変更を迫られることになるだろう。

高速で飛ぶロケットの内部で、鉄球を投げつけて鉛の板を凹ませる——という思考実験をしてみよう。

静止系から観測すると、ロケット内の時間はゆっくり進むように見えるから、鉄球もスローモーション・ビデオのようにゆっくり飛ぶことになる。速度が遅く見えるぶん、鉄球の運動量《mv》は小さく観測されるわけだ。では鉄球が鉛の板を凹ませる深さはどうなるだろう。いま鉄球はロケットの進行方向とは垂直の方向に投げられるものとする。ローレンツ収縮は運動方向にのみ起こり、運動と垂直の方向については起こらないから、鉛板の凹みの深さは、ロケット内で測っても静止系から測っても同じである。つまり鉄球が鉛板にあたえた衝撃は、どちらの座標系からみても同じであり、それは鉄球の運動量がどちらの系で測定しても同じであることを意味している。静止系からみると、鉄球のスピードは遅れて観測される。にもかかわらず運動量は不変だとすれば、質量が増えて運動量が一定に保たれたと考えるよりほかにない。

＊

運動量の保存則を用いて、速度とともに質量がどのように変わるか、その関係式をみちびくことができる。特殊相対性理論によれば、運動する物体の運動量は、左のようになる。

$$m = \frac{m_0}{\sqrt{1-\left(\frac{v}{c}\right)^2}} = m_0\gamma \qquad (8)$$

m_0は静止した物体の質量、mはその物体が速さvで動いたときの質量だ。それぞれを《静止質量》《動質量》とよぶことにしよう。動質量は、運動速度vがゼロのときには静止質量と等しいが、vが大きくなるに従って増加していく。つまり物体は、止まっているときと動いているときとでは、重さがちがうのだ。信じがたい帰結かもしれないけれど、もし速度が大きくなるにつれて運動物体の質量が大きくならなければ、速度は無制限に大きくなって、やがて光速を超えてしまうだろう。それこそ一大事。そうならないように質量が大きくなって、加速にブレーキをかけているというわけだ。運動物体の質量の変化は速度vに依存するが、vが光速cに較べて十分に小さいとき（日常の運動はほとんどこのばあいにあたる）には、式(8)は《$m=m_0$》となって、日常的な運動では、静止質量と動質量が等しいことがわかる。反対にvがcに接近すると質量は急速に無限大に近づいていく。したがって加速度は急速にゼロに近づいていき、いくら力を加えつづけても、もはや速度を増すことはできない。

前節のスタンフォード大学の実験でもわかるように、高速運動にともなう質量の増加は、素粒子加速器の実験では日常的におこっている。巨大加速器では電子や陽子を光速の99・99パーセント以上にまで〝加速〟して衝突実験を行なう。加速器に入った荷電粒子は磁場で保持された円形軌道を周回しながら速度を上げていくのだが、最初の数周で亜光速に達してしまい、そこから先に注ぎこまれる膨大な電気エネルギーは、ほとんど「質量の増加」に費やされる。しかし速度はわずかずつしか上がらなくても、質量が増えていけば、粒子のもつ運動量およびエネルギーは増加していく。科学者たちは、膨大な運動量をもつ粒子どうしを衝突させることで、きわめて高いエネルギー状態をつくり、そこでどんなことがおきているかを見きわめようとしているのだ。

Ⅲ−11｜$E=mc^2$

特殊相対性理論からみちびかれる帰結のうちでも最も衝撃的なのは《$E=mc^2$》という等式、すなわち「質量とエネルギーは等価である」という発見だろう。私たちは長いあいだ、質量とは物質の実在の証しであると考えてきた。どのような物質にも重さがあり、そしてその質量は、たとえば化学反応などの過程をへても、絶対に不変であると信じてきた。10グラムの物質Aと15グラムの物質Bを反応させたばあい、反応後の生成物をすべて集めて計測すれば総重量は当然25グラムにならねばならない。その確固不変であるはずの質量が、エネルギーという動的でかたちのないものと等価であるというのだ。いったいなぜ、そんなことがいえるのだろう？

アインシュタインの「運動する物体の電気力学」には、２ヵ月後に同じ雑誌に掲載された短い姉妹編がある。「物体の慣性はその物体の含むエネルギーに依存するであろうか」と題されたその論文で、アインシュタインはエネルギーと質量の比例則をはじめて明らかにした。

相対性原理によれば、エネルギーの保存則はすべての慣性系でなりたつはずである。いま、ある座標系Aに静止する物体が、ちょうど正反対の方向に二条の光を発したとする（たとえばラジウムがガンマ崩壊してγ線をだすような反応を考えていただきたい）。この光のエネルギーを、座標系Aの観測者と、べつの慣性系Bにいる観測者の二人が測定するとどうなるか——というとてもシンプルな、そして巧妙に仕組まれた思考実験から、アインシュタインは、エネルギーと質量は等価であるとの結論をみちびく。それによれば、ラジウムがガンマ崩壊すると、光（γ線）のかたちでエネルギーを放出したぶんだけ軽くなる。具体的にいうと、放出されたエネルギーをEとしたとき、ラジウムの質量は、

$$\Delta M = \frac{E}{c^2}$$

だけ減少する。《ΔM》はエネルギーを放出する前と後との質量の差だから、この式は、

$$《エネルギー》=《質量》\times c^2$$

という関係をあらわしていることになる。アインシュタインはここから〈物体の質量はその保有するエネルギー量の目安である[02]〉との結論を引きだすのだが、それは何を意味するのだろうか。

前節に掲げた特殊相対性理論の運動量保存の表式(8)を変形すると、次の式がえられる。

$$mc^2=m_0c^2+\frac{m_0v^2}{2} \qquad (9)$$

右辺の第2項《$m_0v^2/2$》は、まさしく古典物理学における運動エネルギー（118頁の式(6)を参照）に対応しており、その他の項も《質量×(速度)^2》の次元をもっている。式全体をE、右辺第2項をTと表記すると、式(9)は、

$$E=mc^2=T+m_0c^2 \qquad (10)$$

と書ける。このEこそ、相対論的なエネルギーをあらわすものだ。専門的な言い方をするなら、この表式(10)であらわされたEは動質量mに比例し、かつそのなかに運動エネルギーTを取りこんでいる。古典物理学では「エネルギーの保存則」と「質量の保存則」はたがいに独立した二つの法則であったが、相対性理論は両者をひとつの法則「エネルギーと質量の比例法則」に統合したことになる。特筆すべきは、Eには運動エネルギーT以外に、《m_0c^2》という量があることだ。これは《$T=0$》のとき、すなわち静止している物体にもエネルギーがあることを意味しており、しかもその大きさは《c^2》という莫大な掛け率のおかげできわめて大きい。つまりわずかな静止質量が膨大なエネルギーをもつことが、この式によって示唆される。

《$E_0=m_0c^2$》を静止エネルギーとよぶ。この関係式にしたがって質量1キログラムの物体をすべてエネルギーに転化したとすると、

$$E_0=1\times(3\times10^8)^2=9\times10^{16}\mathrm{kg\cdot m^2/s^2}\ (\text{ジュール})$$

のエネルギーがえられる。石炭300万トンに相当する膨大なエネルギーだ。たとえば体重

70キログラムの男性ならこの70倍、石炭2億トン以上のエネルギーを〝保有〟していることになる。いちじるしい「質量高・エネルギー安」の交換レートだから、質量をまるごとエネルギーに転化する方法がみつかれば、エネルギー問題はたちどころに解消するだろう。

こうした質量とエネルギーとの互換は、じつは日常的なレベルでも起きており、石油や石炭を燃やしてささやかなエネルギーをえているときにも、化学反応で熱が発生しているときにも、わずかな質量欠損は生じる。ただしその質量変化は10億分の1ほどで、検出するにはあまりに小さく、有史以来だれひとりとして気づく者はなかった。アインシュタインはいう。

〈質量とエネルギーの等価性を表わすには$E=mc^2$という式を使うのがならわしです。ここでcは光の速度で一秒約十八万六千マイルです。Eは一定の物体の中に含まれるエネルギー、mはその質量です。質量mに属するエネルギーは質量に光の莫大な速さの自乗を掛けたものに等しい、すなわち質量一単位あたりに莫大なエネルギーが含まれていることになります。／しかしもし物質の一グラムごとにこの恐ろしいエネルギーが含まれているとしたら、なぜこんなに長いあいだ気づかれなかったのでしょうか？　答は簡単です。エネルギーが少しも外部に放出されなければそれは観測されません。それはあたかも物凄く金持の人が一銭も使ったり人にくれてやったりしないようなものです。誰もその人がどれだけ金持か分からないでしょう(08)〉

１９４６年４月号の「サイエンス・イラストレイテッド」誌に発表された文章の一節だが、一般向けの科学誌に書くときは、アインシュタインもこんなにわかりやすい比喩を使うのだ。

ウラニウムの原子核が分裂するときには約１００分の1の質量欠損が発生するが、この欠損は燃焼反応に較べて格段に大きく、莫大なエネルギーを放出する。原子爆弾はこの核分裂エネルギーを利用したもので、20世紀の歴史に悲惨な記憶を残した。１９３９年、アインシュタインはルーズヴェルト大統領に書簡を送り、アメリカはドイツに先を越されぬよう、ただちに原子爆弾の研究をはじめるべきだと提言した。周辺にいた科学者が、ドイツが原子爆弾の開発を進めているとアインシュタインに信じこませたのだといわれている。やがてマンハッタン計画がスタートし、１９４５年８月、広島と長崎に原爆が投下された。《$E=mc^2$》がとりわけ有名なのは、原爆がもたらした強烈なインパクトによるものだろう。１９９９年、アメリカの「ＴＩＭＥ」誌は20世紀の「パースン・オヴ・ザ・センチュリー」にアルベルト・アインシュタインを選んだ。その特集号に寄せたエッセイのなかで、スティーヴン・ホーキングはこう書いている。

〈この等式を発見したことにより、アインシュタインに原子爆弾の責任を負わせようとする人びとがいる。しかしそれは、万有引力の発見者であるという理由でニュートンに飛行機事故の責任を負わせるようなものだ。アインシュタインはマンハッタン計画に参加していなか

った。原子爆弾の爆発はかれを心の底から恐怖させる出来事だったのである〉[36]

太陽の中心では、陽子４個からヘリウムを生成する「核融合反応」が進んでいる。この反応では約30分の１の質量欠損があり、その欠損が《$E=mc^2$》にしたがってエネルギーに転化し、光となって宇宙空間に放射されている。１秒間に消費する質量は４００万トンという莫大なもので、太陽はあと50億年はエネルギー生産をつづけることができる。

Ⅲ−12　まとめ

この章を終えるにあたり、特殊相対性理論について、おさらいしておこう。

まず最初にアインシュタインは、理論を構築する前提として二つの原理を定めた。

⑴相対性原理……あらゆる慣性系で物理法則は同じ形式で書きあらわされる。

⑵光速度不変の原理……光は光源の速度の如何にかかわらず、同じ速度をもつ。

このうち⑴相対性原理は理念的なもので、この宇宙は理解可能であり、私たちは普遍的な物理学を構築することができるはずだという、アインシュタインの信念にもとづく。いっぽう⑵光速度不変の原理は、実験的事実にもとづく経験則だ（もっともほとんどの物理学者は、これを自明の理とは考えていなかったが）。この二つの原理から、奇妙な結論が導かれる。

(3)「時間の尺度」と「空間の尺度」は慣性系によって異なる。

光の速度とは「光が進んだ距離を所要時間で割ったもの」と定義できるが、古典力学では時間尺度と空間尺度を絶対的なものと考えたため、慣性系によって光速が異なる値を示すことになった。これとは逆に、光速をどの慣性系でも一定に保つためには、時間や空間の尺度が慣性系ごとに変わらなければならない。ある慣性系の時空の尺度を、べつの慣性系の時空の尺度に変換するにあたっては、ローレンツ変換を使う。これにより光速はどの慣性系でも一定に保たれる。

電磁気学の基本法則であるマクスウェル方程式は、ローレンツ変換をほどこしても式のかたちは変換前とかわらない。つまりどの慣性系でも方程式は〝同じ形式〟で書きあらわされる。これを、マクスウェル方程式はローレンツ変換に対して不変であるという。そこで(1)の相対性原理は、

(4)どの慣性系でも物理法則が同じ形式で書きあらわされるためには、物理法則はローレンツ変換に関して不変でなければならない。

——という〝数学的要請〟に置きかえることができる。

以上から、ニュートン力学とは異なる帰結が導かれる。

(a)運動する物体の長さ…………縮む（光速を超えると長さが虚数になる）

(b)運動する物体での時間……遅れる（光速を超えると時間が虚数になる）
(c)速度の加法…………速度の単純和よりも小さくなる（光速を上限とする）
(d)運動する物体の質量………重くなる（光速に達すると質量が無限大となる）
(e)運動する物体のエネルギー…運動エネルギーのほかに静止エネルギーをもつ

いずれもアインシュタイン以前の物理学では想像もできなかった奇妙な結論ばかりだが、これらによって、光速という制限速度がじつに巧みに守られていることがわかる。運動する物体の速度がじゅうぶんに遅いときには、こうした相対論的効果はあらわれず、ニュートン力学の結論と一致する。つまり特殊相対性理論は、極限のケースとしてニュートン力学を包含しているということができる。しかしニュートン力学は、(4)のローレンツ変換に対して不変であるという条件を満たしていないし、また重力が瞬間的に伝わるとしている点で、「作用の伝播速度は光速を超えない」という特殊相対性理論の要請にも抵触する。ニュートン力学とは、ようするに自然を近似的に記述する理論にすぎず、アインシュタインが理想として掲げた普遍的な理論とは認めがたい。重力に関わる現象を相対性理論の枠組みで記述するためには、さらに一段階ステップアップした理論が必要だ。これが、アインシュタインが一般相対性理論の構築をめざした理由である。

Ⅳ章　一般相対性理論

Ⅳ－1　プランクの援護射撃

1905年に発表した特殊相対性理論は、すぐに物理学界で認められたわけではなかったが、しかし何人かの物理学者はいちはやくこの理論の本質を見抜いた。1900年に量子仮説を唱えて量子力学の端緒を開いたマックス・プランク（1858～1947）はそうした聡明な理解者の代表格で、「私の見込みどおりなら、かれは20世紀のコペルニクスと称されることになるだろう」ということばからも、その先見の明をよみとることができる。プランクは、1905年秋のベルリン物理学懇話会で特殊相対性理論を論じているし、またアインシュタインに対してはいくつかの曖昧な点について説明をもとめる書簡を送った。自分の論文に対する反応を心待ちにしていたアインシュタインにとって、これにまさる激励はなかったろう。

プランクのもとには、X線回折による結晶の解析法を発見して1914年のノーベル物理学賞を受賞するマックス・フォン・ラウエ（１８７９〜１９６０）がいた。プランクに命じられて、ラウエはアインシュタインに会いに行くのだが、その最初の出会いをつぎのようにのべている。

〈手紙で申し合わせた通り、私は特許局に彼を訪ねました。応接室で一人の役人が私に「廊下を先に進んで行きなさい。別の方向からやって来るアインシュタインがそこで出迎えてくれるはずですから」と言いました。でも反対方向からやって来た若い男性の印象が意外であったものですから、私は彼を〝相対論の父〟とは信じませんでした。そういう訳で私は彼の前を通り過ぎてしまい、彼が応接室から戻ってきたときに初めてわれわれは知り合うことになりました[18]〉

このときはじまった二人の親交は一生つづいた。アインシュタインの人柄にも、また相対性理論にもすっかり魅了されたラウエは、矢継ぎばやに８本の関連論文を書き、１９１１年には相対性理論についての世界で最初の書物をあらわした。アインシュタインは、ラウエの本は私にだって理解できやしない、と憎まれ口をたたいたけれど、この解説書は評判が良く版を重ねた。いっぽうラウエは、相対論の父の困った性癖についてこんなふうに語っている。〈アインシュタインに一方的に喋らせておくと、喋り殺しに会うから気をつけろよ。何しろ彼は喋るのが大好きなんだからな[10]〉。後年、ドイツに反ユダヤ主義が蔓延し、二人のノーベル賞受賞者、フィリップ・レーナルトとヨハネス・シュタルクを中心としてアインシュタイン攻撃が激化したときも、ラウエは断固としてアインシュタインを擁護した。

1909年、30歳のアインシュタインは7年間つとめた特許局を辞め、チューリヒ大学の助教授に就任した。この時期になると相対性理論もようやく認められるようになり、アインシュタインはアカデミックな雰囲気のなかで、自信をもって研究を進めていくことができるようになっていた。

1910年、プラハ大学（カール・フェルディナント大学、現カレル大学）の理論物理学の講座に空席ができた。1348年に創立された、東欧最古の歴史を誇るこの大学は、当時はドイツ大学とチェコ大学に二分され、それぞれの言語で教育が行なわれていた。ドイツ大学の学長は、相対性理論を構築する上でアインシュタインに大きな影響をあたえたエルンスト・マッハであり、理論物理学の後任教授にはマッハの精神をもって講義できる人材が求められていた。候補者に選ばれたのはグスタフ・ヤウマンとアインシュタインの二人で、業績の評価では1905年以降、数多くの論文を発表して学界の注目を集めていたアインシュタインに軍配があがった。しかし、オーストリアの文部省は自国の学者を優先させるべしとの方針をもっていたため、まずヤウマンに就任を打診したところ、かれは、自分よりアインシュタインの業績のほうが優れていると判断するような大学には関係したくない、と申し出を拒絶してしまった。こうしてアインシュタインは、オーストリア＝ハンガリー帝国に君臨する皇帝フランツ・ヨーゼフ一世によってプラハ大学の正教授に任命されることとなった。プラハはウィーン、ブダペストと並ぶハプスブルク帝国のもっとも重要な古都であり、アインシュタインはそれなりに生活を楽しんだようだが、妻ミレヴァはそのかぎりではなかった。華やかな注目を集めはじめた新進気鋭の学者と、物理学への夢を断たれたその妻とのあいだには、埋めがたい亀裂が入りはじめていた。

アインシュタインは、プラハで多くの友人にめぐりあうことができたが、なかでも相対性理論の研究に大きな影響をあたえたのは、20歳も年上の数学者ゲオルク・ピック（1859〜1942）だった。かれは若いころマッハの助手をつとめていたが、アインシュタインが就任したときには数学科の教授として、幅広い研究を進めていた。プラハに移ったころのアインシュタインの頭脳を占領していたのは相対性理論の拡張という問題、すなわち「等速直線運動する慣性系」だけに限定されている特殊相対性理論を、どんな座標系にも適用できる理論に一般化する試みである。アインシュタインはほとんど毎日のようにピックに会い、特殊相対性理論の拡張について議論し、そのための数学について助言を求めた。ピックはアインシュタインの考えをよく理解し、それをさらに発展させるためにリーマン幾何学の重要性をといた。ヴァイオリンが得意だったピックは、しばしばアインシュタインを誘って、プラハの音楽仲間と四重奏を楽しんだ。

Ⅳ―2―非慣性系――加速度のある世界

アインシュタインがプラハで取り組んだ「特殊相対性理論の拡張」とは、具体的には何を意味するのだろうか。くりかえしになるが、特殊相対性理論はたがいに等速直線運動する慣性系のあいだでしかなりたたない。言葉をかえれば、「等速円運動」や「重力による落下運動」といった「加速度運動」をしている座標系（これを非慣性系という）には適用できないということだ。特殊相対性理論のおかげで、すべての慣性系で同じ物理法則がなりたつことは確認できたが、では非慣性系ではどうなのか。もちろん非慣性系でも同じ物理法則がなりたつと宣言したいのはやまやまなのだが、それは特殊相対性理論には許されていないことだ。相対性理論の応用範囲を、非慣性系にも押し広げる必要がある。アインシュタインが特殊相対性理論にあきたらずに、さらにステップアップした一般相対性理論の構築をめざしたのはそのためだ。

そもそも等速度運動と加速度運動はどこがちがうのか、という点からはじめよう。

たとえば空に向かってボールを投げ上げる。ボールはどんどん上昇するが、その上昇速度は次第に鈍り、最高点に達したところでボールの速度はゼロになる。次の瞬間、ボールは落下しはじめ、下向きに速度をどんどん上げながら地表に落ちていく。この例でも明らかなように、重力がはたらいている重力場では物体の運動速度は時々刻々と変化しつづける。つまり重力は加速度を生じさせ、それゆえ重力のはたらいている座標系には特殊相対性理論を適用することはできない。加速度や重力の問題を解決しないかぎり、この宇宙のどこでもなりたつ物理学を構築するという目標は果たせないことになる。まず重力をなんとかしなければならない。

加速度運動には、もうひとつ「みかけの力」すなわち慣性力の問題がつきまとう。たとえば電車に乗って移動するばあいを考える。このとき電車の運動状態は、以下の4種類に分類できる。

(1)電車は駅に停車している……………速度はゼロ／加速度はゼロ
(2)駅を発車し、加速する………………速度は増加／加速度はプラス
(3)一定速度に達し、等速走行になる……速度は一定／加速度はゼロ
(4)次駅が近づき、電車は減速する………速度は減少／加速度はマイナス
(1)電車は駅に停止する……………………速度はゼロ／加速度はゼロ

このうち(1)と(3)では電車は慣性運動を、(2)と(4)では非慣性運動（加速度運動）をしている。慣性運動と非慣性運動のちがいは、加速度がゼロかそうでないかのちがいだが、電車の

乗客は、この運動状態のちがいをはっきりと感じとることができる。電車が加速しているときには身体が後方に押されるし、減速しているときには前方につんのめる。加速度運動によって生じるこのような力を、慣性力という。

停止している電車の床にボールが置かれていたとしよう。電車が加速度αで動きはじめたとき、電車のなかに静止する人からみると、ボールは「マイナスα」の加速度で後方へ転がりはじめる（ボールと床の摩擦は無視する）。けれども地上の観測者からみると、ボールはもとの場所に止まっている。加速度αで動いているのは電車であって、ボールではない。すなわち地上の観測者にとって、ボールにはいかなる力もはたらいていないようにみえる。このように、慣性力は観測者の立場によって現れたり消えたりするので「みかけの力」とよばれる。じっさいには、誰でも知っているように、電車の加速時・減速時には相当な力を感じるし、急発進や急ブレーキの際には転んで大ケガをすることさえある。にもかかわらずこれを「みかけの力」とよぶのは、万有引力のような「絶対的な力」ではないからだ。重力は観測者の立場の如何にかかわらず厳然と存在するけれど、慣性力はそうではない。したがって両者は別種の力と理解されるべきだ、と古典力学では説明されてきた。この通念が、またしてもアインシュタインに打破されることになる。

Ⅳ-3｜重力が消えた――生涯で最も素晴らしい考え

1907年11月のことだった。静かな特許局の一室で、相対性理論について思索をめぐらせていたアインシュタインは、すばらしいアイディアを思いつく。1922年（大正11）に行なわれた京都帝国大学での講演録から引用しよう。

〈私はベルンの特許局で一つの椅子に座っていました。そのとき突然一つの思想が私に湧いたのです。／「或るひとりの人間が自由に落ちたとしたなら、その人は自分の重さを感じないに違いない」／私ははっと思いました。この簡単な思考は私に実に深い印象を与えたのです。私はこの感激によって重力の理論へ自分を進ませ得たのです[11]〉

この啓示は〈私の生涯で最も素晴らしい考え[17]〉だったと、アインシュタインは書いている。なぜこれが、そんなに大喜びするほどの大発見なのか。

落下中の人間は重力を感じない。それは、落下する座標系では重力が消えることを意味しているのではないか、とアインシュタインは考えた。つまり重力も、慣性力（みかけの力）と同様に観測者の立場によって消すことができるのだ。ならば重力と慣性力とは、けっきょく同じ力なのではなかろうか。アインシュタインはここでもきわめてシンプルかつ明快に考察をすすめ、両者を同じものだとする「等価原理」を、一般相対性理論をみちびくかなめ石

等価原理

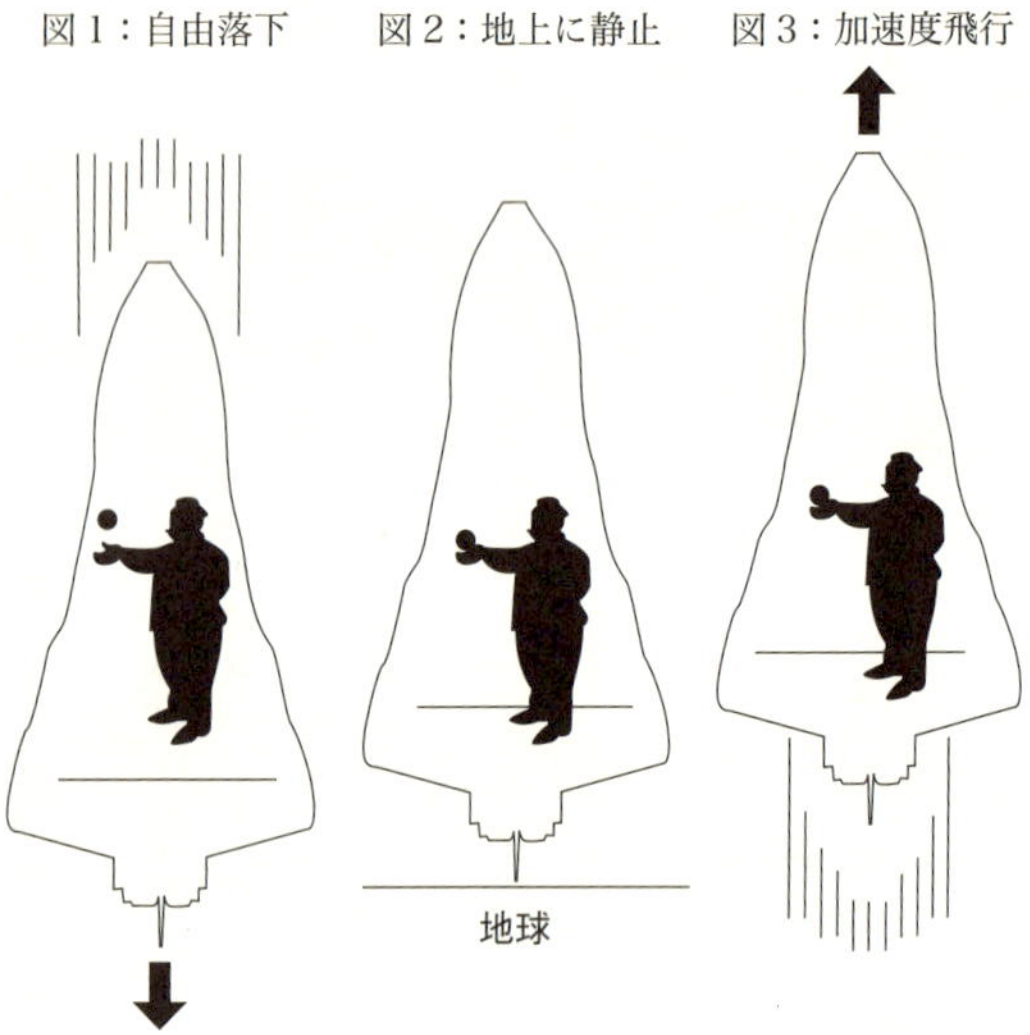

図1……自由落下する宇宙船に乗っている人間は、無重力状態を体験している。自分の重さを感じないし、手から放したリンゴは宙に浮く。自由落下という加速度運動が重力を消したのだ、とアインシュタインは考えた。

図2……地球上に静止した宇宙船内の人間は、地上と同じ重力を感じている。手を放すと、リンゴは重力により落下する。

図3……宇宙船が、無重力空間を加速度9.8(m/s^2)で飛行している。このとき、乗員は「地上の重力」と同じ大きさの「慣性力」で床方向に押しつけられており、手を放せばリンゴは慣性力により落下する。宇宙船に窓がなく、外部からの情報がえられないばあい、乗員には自分が地上（重力場）に静止しているのか、宇宙空間を加速度飛行しているのか、判断できない。

として採用することにした。

重力と慣性力が同じ力であるとは、どういうことなのだろう。

アインシュタインにならって二つの座標系を考えよう。ひとつは一様に加速されている基準系。もうひとつは静止しているが重力が発生している基準系である。そこでつぎのような思考実験をやってみよう。いま無重力状態の宇宙空間に宇宙船が等速直線運動をしているとする。宇宙船のなかに設定した座標系は、力のはたらかない慣性系であるから、宇宙飛行士をはじめ宇宙船内にある物体は（無重力の）空間に浮かんでいる。しかしひとたび宇宙船が加速度運動をはじめると、飛行士や船内の物体は進行方向とは反対側の床に押しつけられる。加速度運動にともなって「慣性力」が発生したのだ。もし宇宙船の加速度が、地上の重力加速度と同じ大きさ（9.8m/s^2）、すなわち1Gであれば、宇宙飛行士は地上にいるときと同じ力で床に押しつけられるのを感じるだろう（116頁の思考実験を思いだしてほしい）。飛行士は地上にいるときとまったく同じ感覚で運動できるし、振子時計は正しく時を刻む。ポットからコップにお湯を注ぐのも、地上でやっているのと変わりがない。宇宙船の窓が閉ざされていて外を見ることができなければ、飛行士は自分が加速度運動をしている宇宙船に乗っているのか、それとも地上にいて重力を受けているのか、識別することはできない。おわかりだろうか。加速度によって生じる慣性力は、重力と区別できない、つまり両者は等しいというのがアインシュタインの「等価原理」である。

自動車がカーヴするとき、身体が外向きに引っ張られる。この遠心力もまた、慣性効果によって発生する力と考えることができる。バケツに水を入れ、回転台の上で高速回転させると、遠心力で水の中央はへこみ、周辺部はもりあがる。水が外向きに引っ張られているのだ。この現象をどう解釈すればいいだろう。

＊

Ⅲ‐7節でものべたように、ニュートンは等速直線運動する慣性系においては、あらゆる運動は相対的である、と考えた。ある慣性系でなりたつ力学法則は、べつの慣性系においてもまったく同じようになりたっており、したがって自分が動いているのか静止しているのかを決定する力学上の実験は存在しない。

では加速度をもつ運動については、そのような運動の相対性はなりたつのだろうか。右のバケツの例で考えてみよう。回転台の上に乗ってバケツとともに回転している観測者Aがいたとする。地上の観測者Bは、回転台とバケツと観測者Aが高速回転していると主張するが、いっぽう台上の観測者Aは、自分と回転台とバケツは静止し、それ以外の宇宙ぜんたいが回転していると主張するだろう。つまり観測者Aは、バケツの水面が変形した理由は、まわりの宇宙が回転運動をしているためだと考えるだろう（同じように、加速度運動する電車の乗客は自分は静止しており、地面が加速度運動しているのだと考えるだろう）。このような加速度系の観測者と地上に静止する観測者の立場は同等なのだろうか？

古典力学では、宇宙ぜんたいが観測者に対して加速度運動する、というような非常識な発想はたちどころに否定される。バケツは地球上にある実験室のなかで回転しているのであり、その実験はその場にいる観測者にとってのみ意味をもつ。何万光年も離れた銀河や天体が、地球上のバケツの水面の変形に影響を及ぼすとは考えられない、たとえ全宇宙を回転させたとしても、バケツの水面は凹まないだろう……と多くの古典的な物理学者たちは考えた。すなわちバケツの回転を相対的な運動ではなく、絶対的な運動であるとみなしたのだ。全宇宙を回転させるというアイディアがあまりに荒唐無稽であるという拒絶反応ももちろんあったろうが、水面が変形しないほうがむしろかれらにとって好都合だったからだ。よけいな疑念などもたずに、これまでどおりニュートン力学を遵守していれば、19世紀までの物理学は安泰だった。

ではアインシュタインは、この問題にどう答えるか。等速直線運動は相対的であるが、加速度運動は絶対的であるというような考え方が、かれの美学に適うはずがない。等価原理によれば、慣性力と重力はそもそも同じものだ。地上の観測者Bは、バケツの水面の凹みを慣性力（遠心力）の結果と判断するが、いっぽう回転台上の観測者Aは、全宇宙が回転したことによりバケツの周囲に重力場が発生し、それが水を周囲に引っ張って水面が凹んだと判断する。もちろんこのときの重力場を計算すれば、重力効果は厳密に慣性効果と一致した結果をもたらすことになる。はっきりと認識しておいていただきたいのは、重力と慣性力とが

（本来べつべつのものでありながら）同じ効果をもつと考えるべきではない、ということだ。重力と慣性力は、同じ概念を二つのちがうことばで表現したにすぎない。ＡＢ二人の観測者の主張は、ともに正しいのである。

もういちどお尋ねしよう。ここに1個の水入りバケツがあり、このバケツのまわりに全宇宙を回転させる。すると何が起きるだろうか。そう、バケツは何ごともなかったように静止している。にもかかわらず、その水面の中央はみるみる凹んでいくのだ。

Ⅳ－4　等価原理

重力と慣性力の注目すべき類似性は、アインシュタインより３００年前、すでにガリレオ・ガリレイによって指摘されていた。ガリレイが「落体の法則」で明らかにしたように、軽い木片とその10倍の重さをもつ金属片を同時に落としたばあい、空気の抵抗がなければ、二つの物体は同時に地上に到達する。しかし10倍の重さの物体には10倍の重力がはたらくはずだから、それが同時に着地するのはおかしいのではないか、とガリレイの同時代人たちは思い悩んだ。

それから半世紀あまり後、ニュートンは奇妙な仮定をもちこんでこの困難を乗りこえた。重力は物体を下向きに引っ張っているが、同時にその力に対する抵抗が上向きに発生し鉄の落下を押しとどめる、というのである。「重さ」が10倍になれば「抵抗」も10倍になるから、けっきょく落ちる速さは重さに関係なく一定である、と。Ⅱ-3節でのべたように、物体には同じ運動状態を保とうとする「慣性」という性質がある。静止している物体を動かそうとすると、静止しつづけようとする「慣性」の抵抗をうける。等速運動をしている物体を加速するばあいも同様に、同じ速度を保とうとする「慣性」の抵抗をうける。この抵抗は、物体の重量が大きいほど強い。すなわち重い物体ほど慣性の抵抗が大きく、それゆえ加速されにくい。ニュートンの第二法則を思い出してほしい。《$F=m\alpha$》すなわち、《力F》は《質量m》と《加速度α》の積に等しいのだった。1キログラムの木片と10キログラムの金属片が同時に落下するというのは、二つの物体に同じ加速度αがはたらいていることを意味している（金属片には、木片の10倍の力がはたらくが、慣性すなわち抵抗も10倍となり、加速度は同じになる）。

運動をさまたげるこの抵抗こそが、アインシュタインの一般相対性理論があらわれるまでの２００年以上にわたり、古典力学に確たる地位をえてきた「慣性力」の正体だ。ある質量をもつ物体が落下するとき、この物体にはたらく重力は、質量m_1と重力加速度gの積《m_1g》となる。このときの質量m_1は、重力に関係した質量であるから「重力質量」とよばれる。

これに対して慣性力は、加速度αの運動によって生じる力であり、それは《$m_2\alpha$》とあら

エートヴェシュの実験

地球上にある物体は、重力と同時に、自転にともなう遠心力をうけている。重力は重力質量に由来する力で、地球の中心に向かう。いっぽう遠心力は慣性質量に由来し、回転運動の中心から遠ざかろうとする力だ。重力質量と慣性質量が等価であれば《重力の強さ：遠心力の強さ》の比は、物質の種類によらず一定となる。1896年、エートヴェシュは右のような「ねじり秤」を考案し、A・Bにさまざまな物質をとりつけて実験を試みた。AとBの《重力：遠心力》の比が異なるばあい、遠心力の水平成分に差が生じて、秤はねじれるはずだが、回転はみられず、重力質量と慣性質量が等しいことが10^{-9}の精度で検証された。

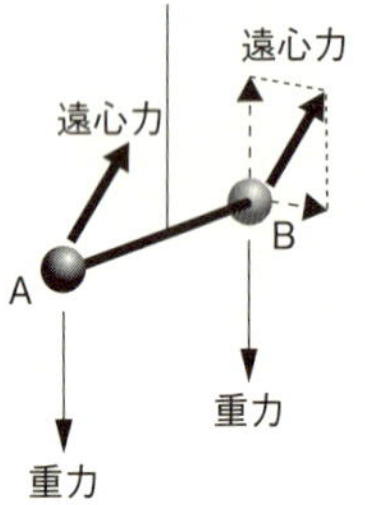

わされる。ここでの質量m_2は慣性力に関わる質量ゆえ「慣性質量」とよばれる。

重力質量m_1と慣性質量m_2は、原理的には値がちがっていてもよいのだが、ガリレイ以来、理由はわからないまま、二つの質量は同じ値をもつものとしてあつかわれてきた。

1896年、ハンガリーの物理学者ローランド・フォン・エートヴェシュ（1848〜1919）は、かれの創案になるねじり秤を用いて、2種類の質量について精密測定を行なった。秤の上の物体には、重力（重力質量に比例する）と地球の自転による遠心力（慣性質量に比例する）がはたらいているが、実験により、重力質量と慣性質量が10のマイナス9乗という高い精度で等しいことが示された。下って1964年にはロバート・ディッケとプリンストン大学の研究者たちによってさらに精密な実験が行なわれ、重力質量と慣性質量の一致が10のマイナス11乗という精度で確認された。

アインシュタインは、生涯を通じて、真理は単純で美しくあるべしという信念をもちつづけた。かつてかれは、「相対性原理」と「光速度不変の原理」という単純で美しく、かつ真理をついた仮説を基礎として特殊相対性理論を構築してみせた。そしていま「等価原理」によって重力と慣性が同じものであることを主張しつつ、一般相対性理論をつくりあげようとしているのだ。かれはいう。「エーテルの風がないと思われる理由は、いかなるエーテルの風もないからだ。重力と慣性が同じものであると思える理由は、それらが同一であるからだ」と。まことに単純明快。重力質量と慣性質量は、理由もなく一致しているわけではない。等価原理は両者が厳密に一致していることを要請するが、そのことによって、自然の性質をよりシンプルに（したがってより美しく）説明できるという点が、なによりたいせつなのである。アインシュタインは、自然にひそむ、かすかではあるけれど重要な真理の声を聞きとる、特別に鋭敏な聴覚をもっていた。

１９２１年、プリンストン大学での相対性についての講義でアインシュタインはつぎのようにのべている。〈慣性と重力の数値的等価性を統一的に説明できるということが、一般相対性理論が古典力学の諸概念よりも優れている点なのだと、私は確信しています。その優越性にくらべれば、理論が出くわすどのような困難も小さなものでしかありません[01]〉

＊

等価原理は、加速度運動をふくむすべての運動が相対的であるという見方を可能にする。これこそ、普遍的な物理学の構築に必要なものだった。エンジンに点火して進む宇宙船は、地球上の観測者にとって加速度運動をしており、その内部の現象は慣性効果として観測される。いっぽう宇宙船内の観測者からみれば、宇宙はあらゆる星々とともに宇宙船の後方に向かって加速度運動していることになる。この加速度運動から宇宙船内には重力が発生することになるが、それは、地上の観測者がみた慣性力と厳密に等しい。ではいったいどちらの現象が起こっているのだろうか？　宇宙船が動いて慣性効果が生じているのか、それとも宇宙が動いて重力効果が発生しているのか？　賢明な読者にはすでに答えはおわかりだろう。等価原理によれば、どちらも正しい。二人の観測者は一つのことのちがった側面をみているにすぎないのだから。

同じ議論が地球の回転についてもなりたつ。宇宙が地球のまわりを回転しているのか、それとも地球が宇宙のなかで回転しているのかという論争は、どちらの基準系（座標系）をとるのかという議論にほかならない。最も常識的な選択は、これまで人間がやってきたように、宇宙を基準系として地球が回転していると判断することだろう。しかし、地球上に基準系をとり、宇宙が地球のまわりを回っているという判断も同様に正しい。宇宙船の思考実験で明らかにしたように、地球が回っているのか宇宙が回っているのか、どちらの見方が正しいのかという議論は意味をもたない。私たちは天動説よりも地動説のほうがすぐれていると考えがちだが、じつは天動説と地動説の争いには意味がない——アインシュタインはそうささやいているように思える。

等価原理を前提にすれば、重力を作ったり消したりすることも難しくない。すでにのべたように、無重力状態の宇宙空間で宇宙船が加速度運動すれば、船内には重力が発生し、飛行士も物体も床に押しつけられる。等価原理によれば、宇宙船の加速が、無重力状態から重力を生みだしたことになる。これとは逆に重力を消すこともできる。停止しているエレベーターのなかに、リンゴを手のひらにのせた人が立っているとしよう。このときエレベーター内部には、地球の重力場が発生している。やや乱暴ではあるが、ここでエレベーターのロープを切断してみよう。エレベーターは自由落下し、人もリンゴも宙に浮かび、もはや手のひらにリンゴの重さを感じることはない。エレベーターのなかは無重力状態になっているのだ。

ロープをいきなり切断するかわりに、エレベーターの下降速度を徐々に加速していき、落下物体と同じ加速度に達したところでロープを切ることにしてみよう。こうすればエレベーター内の重力の大きさは減少しつつ、重力のある世界（一般相対性理論の世界）からついには重力のない世界（特殊相対性理論の世界）へと移行できる。もちろんその逆も可能である。つまり、特殊相対性理論の世界は、一般相対性理論の世界からまったく隔離されているのではなく、その特殊なばあい（加速度ゼロ）として一般相対性理論に内包されていると考えることができる。

ニュートンが明らかにしたのは、力のはたらかない基準系（等速直線運動する座標系、すなわち慣性系）に観測者がいるとしたら、自分が動いているのか静止しているのかを識別するような「力学」上の実験は存在しない、ということであった。アインシュタインは、特殊相対性理論によって、これを力学だけでなく電磁気学、光学などすべての物理学に拡張した。だが、そこに「特殊」という二つの文字があるかぎり、この理論は制約を受けた理論であり、自然および宇宙のすべてを記述する資格をもちえない。この制約は、特殊相対性理論を力がはたらく基準系へと拡張することによって解消される。一般相対性理論は、運動が等速度運動であれ加速度運動であれ、観測者がどのような種類の運動をしていようとも、自分自身が動いているのか静止しているのかを判別する実験は存在しないことを明らかにしたのだ。

こうして、ニュートン力学から特殊相対性理論への飛躍、そしてさらに一般相対性理論への拡張によって、自然や宇宙の基本法則のありかたが明らかになった。観測者がどのような運動をしているかにはまったく関係なく、あらゆる物理法則は同一の形式であらわされる。つまり、地球上でも火星上でも、銀河系の果てでも、宇宙のなかのあらゆる場所において、物理法則はかわらない。これは、特殊相対性理論をみちびく前提として導入された「相対性原理」の拡張としての、「一般相対性原理」とよぶべき仮説である。アインシュタインは、等価原理から出発して、このような普遍的な法則が存在しうるという信念をもつにいたった。つぎのステップは、この信念を時空の真の姿を明らかにする物理法則の発見へと昇華させることだ。

IV－5 光が曲がる！

加速度運動で重力が生じるという等価原理の予測は、重力についての驚くべき性質を明らかにする。重力は時空をゆがませるのだ。そして時空がゆがんだ結果、重力場では光は曲げられることになる。光はつねに直進すると何世紀にもわたって信じられてきた、その常識がいまや打破されようとしている。

つぎのような思考実験をやってみよう。高層ビルのエレベーターの左壁に穴があいている。水平方向に進んできた光がこの穴からエレベーター内に入ってきたとする。エレベーターが静止していれば、エレベーター内の観測者Aは、光が水平に進むのを観察するはずだ。

エレベーターが加速しながら上昇するばあいを考えよう。穴から入ってきた光が進むあいだにエレベーターは上昇するから、水平に進んだ光の到達点は、発射点よりも少し低くなる。しかしこのとき、光は斜めに直進するわけではない。加速しているエレベーターの上昇幅は、光ビームが右壁に近づくほど大きくなるから、光の軌跡は曲線（放物線）を描いて進むことになる。つまり加速度運動するエレベーターのなかで、光は曲がって進むのである。

光の曲進

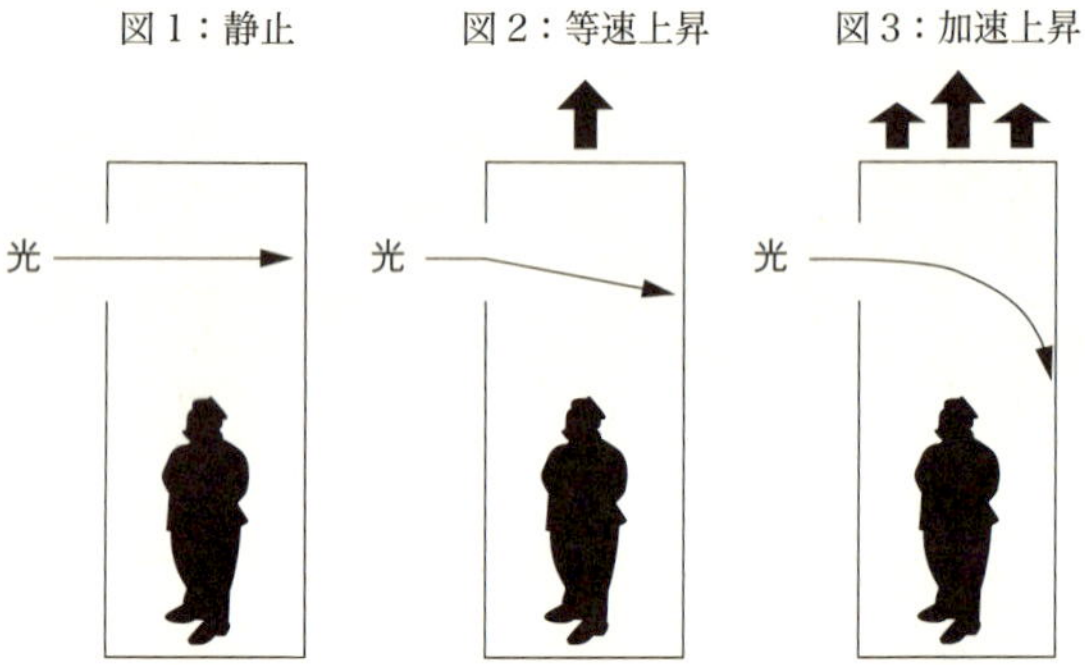

エレベーターの左壁の穴から光ビームが水平に入射し、右壁に到達する。エレベーターは図1では静止しており、図2では等速で上昇、図3では上向きに加速度運動しているものとする。光ビームはどんな軌跡を描くだろうか？

図1……光ビームは水平に直進し、穴と同じ高さの右壁に到達する。

図2……光は斜め下方に直進し、穴より低い高さの右壁に到達する。

図3……光ビームが右壁に近づくにつれ、加速するエレベーターの上昇幅は大きくなっていく。すなわち光ビームは放物線を描きながら、穴よりも低い位置で右壁に到達する。このときエレベーター内の観測者には、光が曲がって進むように観測される。

等価原理によれば重力と慣性力は区別できないから「光の曲進」は重力場でもおこるはずである。逆に、光の曲進が観測できなければ、等価原理が否定されてしまう。アインシュタインは日食を利用して、太陽の重力場での光の曲進を実証する試みに全力をかたむけた。

問題はここからだ。等価原理によれば、エレベーターのなかには、加速度運動によって重力が発生していると考えられる。すると重力場では光が曲がるという結論が導かれる。「フェルマーの最終定理」で知られるピエール・ド・フェルマー（1601〜1665）が発見した「フェルマーの原理」によれば、光は2点間の最短距離を進む。平面幾何学でいえば、2点間の最短距離は線分すなわち直線となるから、これにしたがえば光は直進するはずだ。しかし等価原理を信ずるなら、重力場のなかでは光が曲がるという結論になる。ならばフェルマーの原理と等価原理は両立しないのだろうか。アインシュタインは、そのようには考えない。かれが導きだした結論は、重力場では空間自身が曲がるというものだった。曲がった空間にそって光が〝直進〟するため、光は曲がって観察されるというのである。ということは、逆に光の曲進を観測によって証明できれば、等価原理の正しさが証明できることになる。はたしてそんな観測が可能だろうか。

*

重力場のなかでの光の曲進については、アインシュタインはプラハに行く以前から気づいていたが、この効果はあまりにも小さく、とうてい検出できるものではないと決めてかかっていた。しかしプラハでの研究が進むにつれ、かれは自分が新しい理論の創造にむけて確実に前進しているという実感をもちはじめていた。もしここで光の湾曲が実験的に確認されたなら、それは大きな自信となって、新理論の構築は一気に加速されるにちがいない。強い重力場を発生させうる物体は、質量の大きな天体をおいてほかにない。その天体の近傍を通過する光の曲進がなんとか観測にかからないものか――アインシュタインはその可能性を模索した。

1911年、アインシュタインは「光の伝播に対する重力の影響」と題する論文を「アナーレン・デア・フィジーク」（9月1日発行）に発表し、光線は強い重力場で曲げられることを指摘した。このなかでかれは、太陽のそばを通る光線は角度にして0・83秒ほど曲げられ、その湾曲は皆既日食のときには観測できるはずだ、と結論づけている。

空間のゆがみとそれによる光の曲進という、常識をくつがえす予測。その歴史的な検証は、けっきょく1919年まで待たなければならなかったが、それまでにアインシュタインが自らの理論の検証にかけたすさまじいまでの執念をみておこう。

ちょうど右の論文が発表されるころ、アインシュタインはベルリン天文台で助手をつとめる26歳の天文学者エルヴィン・フロイントリッヒ（1885〜1964）から書簡を受けとった。フロイントリッヒは、アインシュタインが光の曲進を実証したいと考えていることを知人に教えられ、さっそくこの高名な物理学者に接触したらしい。アインシュタインは1911年9月1日付で返信をおくり、自分のいちばんの関心事に興味を示してくれたことに礼をのべ、理論の実証に力を貸してほしいと訴えた。〈実験によってこの問題に解答をあたえるのが困難なことはよく承知しています。……しかしひとつ確かなのは、光の湾曲がもし存在しなければ、理論の前提が否定されてしまうことです。その前提は確かなものだと思われますが、たいへんに大胆な仮定であることを忘れてはなりません〉[01]

太陽系の惑星でもっとも重い木星の近傍でも光は曲げられるはずだが、アインシュタインの計算によれば、その湾曲の大きさは太陽の100分の1でしかなかった。これではとても、曲進を観測することはできない。〈木星よりも大きな惑星がありさえすれば！　しかし自然は、その法則を私たちにたやすく発見させようとは考えていないのです〉[01]

こののち、二人のあいだに交わされた一連の書簡の内容からすると、どうやらフロイントリッヒは、太陽のそばを通る恒星の光を昼間に観測できると考えていたようだ。アインシュタインはそのアイディアには懐疑的だったが、頭ごなしに否定するようなことはしなかった。世界でもっとも偉大な理論物理学者は、光が曲がるという仮説を実験的に立証する道を懸命に追い求め、6歳年下の若い熱心な天文学者の力でそれが実現できないか、という希望にすがっていた。

Ⅳ-6―クリミア半島の皆既日食

1912年8月、旧友グロスマンの勧めによって、アインシュタインは母校チューリヒの連邦工科大学の正教授の職についた。ミレヴァとともに愛するスイスの地を踏めることは大きなよろこびであったが、しかしチューリヒでの生活は長くはつづかなかった。1913年の7月、マックス・プランクとヘルマン・ネルンスト（1864〜1941）がチューリヒを訪れ、アインシュタインをベルリンに招聘したいと熱心に申し入れたのだ。アインシュタインに用意されたのは、王立プロイセン科学アカデミーの会員とベルリン大学の教授職、および計画中のカイザー・ヴィルヘルム物理学研究所の所長のポストだった。アインシュタインはこれを受けいれ、翌1914年4月からベルリンでの生活がはじまる。なぜかれは、反ユダヤ主義がいきおいづくドイツ帝国の首都に移り住もうと思ったのだろう。ベルリンが物理学研究の中心地であったこと、新しいポストに学生教育の義務がなく研究に打ちこめることなどの理由があったようだが、ベルリン天文台の存在も大きかったのにちがいない。そこには以前から光の湾曲の測定について連絡をとりあっていたフロイントリッヒがいた。

1913年の半ばまでに、アインシュタインとフロイントリッヒは、昼間の太陽観測をあきらめ、日食観測の可能性について検討をはじめていた。皆既日食では、昼間でも太陽は月に隠されているから、その暗い天空のなかでなら太陽の後方にある星から発するかすかな光でも観測することはできるにちがいない。しかし過去の日食で撮影された写真乾板をフロイントリッヒが調べたかぎりでは、光の湾曲が確認できるほど鮮明な写真は撮影されていなかった。かくなるうえは自分たちで観測をするしかない。アインシュタインは、ただならぬ興奮を覚えつつ、独習したらしい天文学の知識を駆使して、日食を見るための高度に技術的な疑問をしらみつぶしに検討した。二人はスイスで顔を合わせ、日食時に太陽のそばを通る光が曲がるのをどのようにして検出するか、徹底的に討論した。太陽の近傍の星の光が曲がるとすれば、このとき地球から見た星の位置はズレるはずだ。同じ星を、太陽が地球の反対側に移動したとき、つまり夜間に測定すれば、その正しい位置が確定できる。こうして、同じひとつの星の、通常の位置と日食中の位置を比較すれば、光の曲がりが検出できることになる。

１９１３年12月までに、アインシュタインとフロイントリッヒは具体的な計画を練りあげていた。観測隊をクリミア半島に派遣し、１９１４年８月21日におきる皆既日食を観測しようというのである。フロイントリッヒは観測装置の技術的な詳細を検討した。クリミア半島へはどのルートで行くか、機材の運搬はどうするか、観測のやり方、データの解析方法など、計画のすべてが周到に準備された。残る課題はただひとつ、資金をどう集めるかだ。12月のはじめ、フロイントリッヒはプロイセン科学アカデミーに遠征計画を提示し、資金援助をもとめた。アインシュタインはプランクに手紙を送って協力を要請したが、アカデミーがどういう判断をくだすかは、わからなかった。アインシュタインは書いている。〈万策尽きた場合には、自分のわずかな蓄えから少なくとも最初の二〇〇〇マルクは払える。だから、必要な乾板を注文してください。お金のために時間を無駄にするのはやめましょう[37]〉（１９１３年12月７日、フロイントリッヒあて）

翌年1月はじめ、アカデミーでフロイントリッヒの計画案が検討され、２０００マルクの予算が承認された。プランクが、かれ自身は一般相対性理論を信じていなかったにもかかわらず、計画を支援してくれたのだ。〈プランクはどう讃えてもたりないくらいです[01]〉と、アインシュタインはフロイントリッヒに書き送った。

アカデミーの２０００マルクは、観測装置の改造と乾板の購入にあてられたが、クリミアへの旅費と装置の輸送にはさらに３０００マルクが必要だった。ここでドイツ財界の大物グスタフ・クルップ（１８７０～１９５０）が登場する。鉄鋼・重工業コンツェルンの総帥だったこの人物は「死の商人」ともよばれ、実際にクルップが１９１８年に建造した長距離砲は１２０キロの遠距離からパリを砲撃するのに使われたし、第2次世界大戦中はナチスを支援し武器を製造した。フロイントリッヒは幸運にも、友人の紹介でクルップに会うことができ、遠征計画に興味を示したこの大富豪から３０００マルクの支援をえることができた。

１９１４年7月2日、アインシュタインはプロイセン科学アカデミーの就任講演を行なった。35歳のかれは、功なり名とげた高齢のメンバーが多いなかでずばぬけて若く、また新奇な理論を提唱する点でも異端の存在だった。それでもアインシュタインの自説に対する自信は日ましに強まり、日食観測にかける執念は一段と強固なものになっていった。

１９１４年7月19日、フロイントリッヒは仲間二人（うち一人はドイツの高級レンズメーカー、カール・ツァイスの技師）とともにベルリンを発った。1週間後には、クリミアのフエオドシヤに着き、望遠鏡と4台のカメラの整備を開始した。この町にはアルゼンチンの日食観測チームも訪れていたが、その目的は太陽に最も近い幻の惑星「ヴァルカン」を写真におさめることだった。観測される水星の軌道はニュートン力学の理論値からずれることが知られていたが、それは水星と太陽のあいだに未知の惑星があるからではないかと考える研究者もいた。その証拠をえるために、アルゼンチン隊はきていたのである。のちに明らかになったことだが、水星の軌道がずれるのは、仮想惑星ヴァルカンのせいではなく、じつは一般相対性理論が予測する効果によるものだった。両チームの撮影目標は異なっていたけれど、どちらも熱い期待を抱きつつ、8月21日の貴重な2分間の〝太陽消失〟を待ち受けた。

＊

運命は神のみぞ知るとはこのことだろうか。すべてがうまく運んでいるように思われた計画に突如、暗雲がたれこめた。日食を3週間後に控えた1914年7月28日、オーストリア＝ハンガリー帝国がセルビアに宣戦布告して、第1次世界大戦が勃発したのだ。セルビアをロシアが後押しし、そしてオーストリアはドイツと同盟関係にあり、戦いは実質的にロシアとドイツの対決という構図ではじまった。つまりフロイントリッヒは、とつぜん敵のまっただなかに取り残されてしまったというわけだ。8月1日、ドイツはロシアに宣戦布告し、それと同時に、高性能望遠鏡を所有していたフロイントリッヒは逮捕され、戦争捕虜としてあつかわれることになった。さいわい捕虜交換によって、9月の初めにはフロイントリッヒはベルリンに帰還できたが、日食観測で自らの理論を検証しようとしたアインシュタインの希望は、あとかたもなく霧散した。

日食観測を断念しなければならないという悲運。だがそれから約1年後、それを吹き飛ばすような画期的な成功がもたらされた。1915年11月、アインシュタインはついに「一般相対性理論」を完成させたのだ。新しい理論を用いて光のズレの角度を導出してみると、以前の計算結果のちょうど2倍になることがわかった。曲がりの角度は太陽に近づくほど大きく、太陽の縁をかすめる光線は1・75秒曲げられることになる。光が1キロメートルの距離を飛んで約8・5ミリメートル曲がるという小さなズレだ。いっぽう光が（そのエネルギーに相当する）質量をもっているとみなせば、ニュートン力学によってこの超軽量粒子の太陽の重力場での曲がりを計算することができる。その答えは0・87秒。ふたつの理論の予測値がちがうということは、日食の観測によって、理論の優劣の決着がつけられることを意味している。

さてフロイントリッヒによる日食の観測が予定どおり行なわれたとすれば、その結果はつぎに示す四つのケースのいずれかになったはずだ。

(1)光の曲がりが見つからない。
(2)ニュートン力学の予測（0・87秒）に近い値。

(3)一般相対性理論の予測（1・75秒）に近い値。
(4)一般相対性理論の予測値より大きい値。

このうち(3)のみが一般相対性理論に勝利をもたらす。(2)の0・87秒であればニュートン力学が優位にたつであろうし、(1)の光の曲がりが見つからない、あるいは(4)の1・75秒より大きいばあいにはニュートン力学はもとより、一般相対性理論も信憑性が疑われることになる。いずれにせよ、太陽の近傍をかすめる恒星からの光が曲がるかどうかについての観測結果は、物理学の基本法則に厳しい判定を下すことになる。

それにしても、第1次世界大戦の勃発によってフロイントリッヒの実験ができなくなったこと、そしてそれから1年後に一般相対性理論が完成したという歴史の流れは、不思議な運命のめぐりあわせを感じさせる。もし1914年の観測が正しく行なわれていたとしたら（1・75秒を得たとしたら）、それはアインシュタインの予測に反する。一般相対性理論が完成するまではアインシュタインは、正しい値の半分を予測していたのだから。もし観測に誤りがあって0・87秒の結果をえたとしたら、アインシュタインはいったんは喜んだかもしれないが、1年後には落胆することになっただろう。歴史はとことんアインシュタインに味方したのだ。あるいは、一般相対性理論にかけたアインシュタインの執念が幸運をよびこんだ、ということになるかもしれない。

Ⅳ-7　ユークリッドの平らな世界

ニュートンの古典力学では、空間はあくまで平坦であり、時間は一様に進む。特殊相対性理論は、空間も時間も絶対的ではなく伸び縮みすること、そして空間と時間がたがいに影響をおよぼしつつ4次元の時空を形成していることを明らかにした。重要なのは、4次元の時空こそが本質的な存在であり、時間も空間も、いわば4次元時空の影にすぎない、ということだ。時間と空間は、観測者の立場によって（観測者がどのような慣性系にいるかによって）変わりうる。

ここにビール缶のような円筒形の物体があったとしよう。その真上から光を当てて下の面に射影された形をみれば円形の影ができるし、真横から光を当てれば影は長方形になる。このような操作によって、3次元の物体は2次元の面に射影されるが、このとき、どのような角度から射影するかによって影の形はさまざまに変化する。しかし、影の形がどのように変わっても、もとの物体の形は変わらない。同じことが時空についても当てはまる。本当に実在するのは4次元の時空であり、われわれは、4次元時空の実体が、1次元の時間軸、あるいは3次元の空間座標へ射影されたものを見ていることになる。このとき、1次元の時間像、あるいは3次元の空間像は変化しても、もとの4次元の時空像は不変に保たれているのだ。

問題は、私たちが4次元の時空像を認識できないことだ。私たちに見えるのは3次元に投影された影であって4次元の実体ではない。あなたの前を電車が通過していくとする。このとき電車は4次元の実体をもっている。走っている電車の先端と後端の「時刻」が異なることを思い出してほしい。走行中の電車は時間方向にも「広がり」をもっているのだが、しかしあなたは、あなたのいる座標系に投影された3次元の影を見ることしかできない。そしてべつの慣性系にいる観測者は、かれの慣性系に投影された3次元の影を見る。走っている電車の「4次元の実体」は不変でも、さまざまな慣性系で観測される「3次元の像」は異なる。これがローレンツ収縮がおきる理由である。

私たちには直観的に把握しにくい、この4次元世界を手際よく視覚化したのは、アインシュタインもかつて教えをうけた、チューリヒの連邦工科大学の数学教授ヘルマン・ミンコフスキー（1864～1909）だった。かれは「ミンコフスキー時空」とよぶ4次元時空をつかって、特殊相対性理論をエレガントな幾何学で記述してみせた。物理現象はミンコフスキー時空のなかの「点」で表され、時空間内の運動は「世界線」で表される。特殊相対性理論は力がはたらかない慣性系における理論であり、ミンコフスキー時空は平坦な時空（曲がっていない空間）における幾何学「ユークリッド幾何学」を基礎としている。3次元空間の現象は、4次元ミンコフスキー空間の3次元の切り口（射影）と考えることができる。

列車ダイヤとミンコフスキー時空

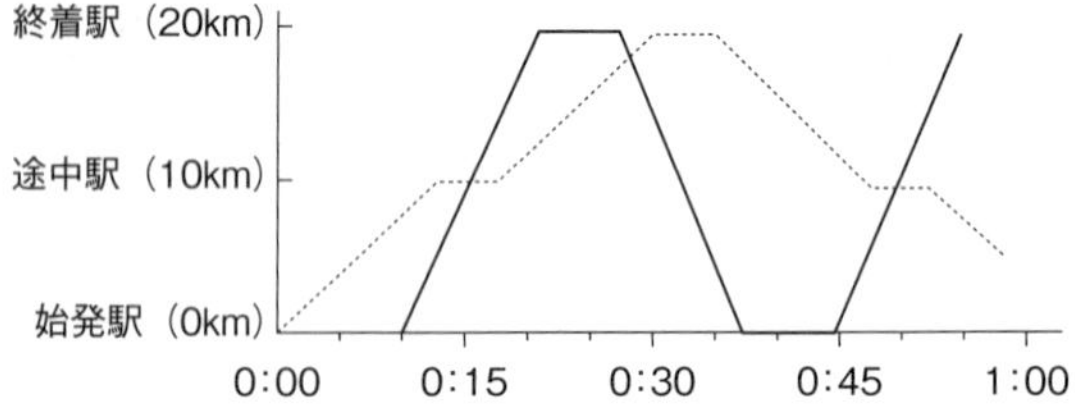

図1：列車のダイヤグラム……時間と空間をあらわすグラフで最も身近なのは列車のダイヤグラムだ。列車の運行状態を線であらわすことで、急行列車は平均時速何キロで走れば途中駅で鈍行を追い越せるかが簡単にわかる。

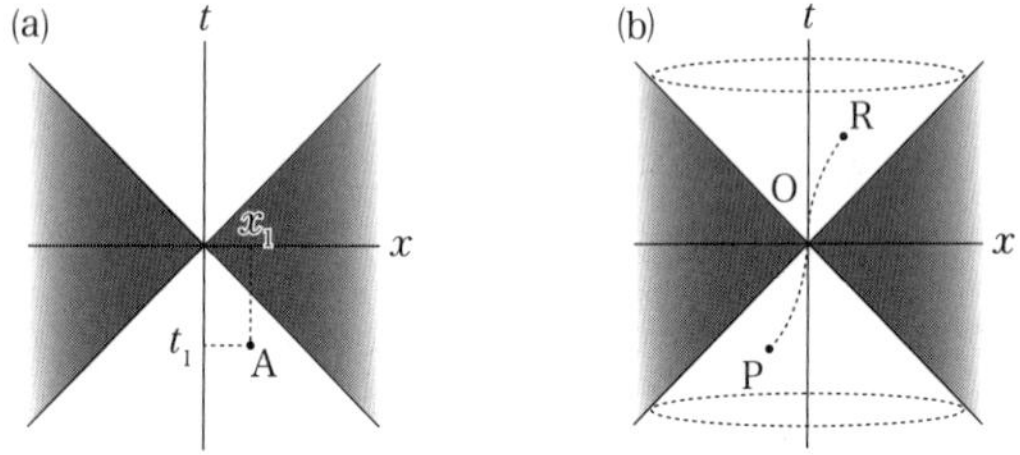

図2：ミンコフスキー時空……(a)は空間1次元・時間1次元の、(b)は空間2次元・時間1次元のミンコフスキー・グラフ。原理的には列車のダイヤグラムと同じもので、空間軸と時間軸の目盛りを調整して$x=\pm ct$（光の経路）の傾きを45度にしてある。ただしミンコフスキー時空では、縦軸の時間は虚数iが単位となる（$i^2=-1$）。グラフ上の点Aは「時刻t_1に場所x_1で」おこった出来事に対応しており、曲線PORは、たとえば昨日アメリカにいて（P)、今日は日本に戻り(O)、明日は欧州に滞在する（R）といった、時空内での移動の履歴をあらわす。点を「世界点」、線分を「世界線」とよぶ。

私たちは、中学校や高等学校で平坦な空間の幾何学、すなわちユークリッド幾何学を学んできた。ユークリッド幾何学の源泉はユークリッドが著した『幾何学原論』（単に『原本』とか『原論』とよばれる）に見いだすことができる。ユークリッドは古代ギリシアを代表する幾何学者で、紀元前300年ごろ、プトレマイオス一世が統治していたアレクサンドリアの研究所ムセイオンで、幾何学と数学を教えていたとされる。この『原論』13巻の分厚さに驚いたプトレマイオス一世が「もっと手軽に幾何学を学ぶ方法はないか」とたずねたところ、ユークリッドは「幾何学に王道はございません」と答えた、とのエピソードはよく知られている。

プトレマイオスを引きあいにだすまでもなく、この書はまことに無味乾燥で、一切の主観を排し、ひたすら厳格に論理の筋道を追い求めている。ユークリッドは、それまでの土地測量や天文観測などから得られていた多くの知見から基本的な命題を取り出し、簡単な命題から複雑な命題へと並べ、後にくる命題はそれ以前の命題によってだけ証明できる、という幾何学の一大体系を構築した。この論理の厳密性は、デカルト、パスカル、ガリレイ、ニュートンらの革新的な科学者の研究に大きな影響をあたえた。『原論』の手法が、簡単な仮説から論理の糸をたぐりよせながら新しい発見に到達する、というアインシュタインの方法論に類似していることに驚かされる。

ユークリッド幾何学では最初に5条の公理と公準とを定め、この5公理・5公準にもとづいてすべての幾何学の定理を導いていく。公理・公準は、幾何学の基本原理といっていいものだが、しかし第5公準の「平行線の公準」については、古くから疑念をもつ数学者が少なくなかった。その公準の意味するところは、「あたえられた点を通り、特定の直線に平行な直線は1本だけに限られる」というもので、たしかに平坦なユークリッド幾何学を前提とするかぎり、平行線の公準は正しいように思えるが、そもそも2直線が平行であることを確かめることができるのだろうか。「平行な2直線は、無限の彼方まで延長しても交わることなく平行である」といわれても、私たちが無限遠に到達することができない以上、平行線が平行であることを確かめる手段はないのではあるまいか。第5公準のはらむ曖昧さを嫌った数学者たちは、なんとかして他の公理・公準から、第5公準と同じ内容を導こうと努力したのだが、みのりある結果は得られなかった。

Ⅳ-8 非ユークリッド幾何学の誕生

平坦なゴムシート上に2本の平行線を書いてみる。ここでは、ユークリッド幾何学がなりたっているから、2本の平行線は交わることはない。そこで、ゴムシートの下に大きなボールをあててシートを押し上げてみよう。ボールにそってゴムシートは湾曲し、2本の直線も曲がる。ゴムシートがボールをすっぽりと覆って地球儀のように丸い「球面」をつくれば、

2本の直線はかならず2点で交わる。もしはじめのゴムシート上にもっと多くの平行線を書いておけば、それらはすべて2点で交わる（地球儀の北極と南極で経線が交わることを思い出そう）。

こんどは逆に、ゴムシートの下に乗馬用の「鞍」をあててみると「双曲面」ができる。このときゴムシートはどこでも四方にのびており、その上の平行線もたがいに離れていく。そして、ある直線外のあたえられた点を通る平行線は（1本だけではなく）無限に存在することがわかる。ユークリッドの平行線の公準は、「世界が平坦である」という観点を隠しもっていたのだ。

ひとつ注意しておくと、ゴムシートの「世界」というのは、あくまで2次元平面の世界である。3次元世界にいる私たちにはゴムシートが曲がっていることが一目瞭然でわかるけれど、2次元世界に暮らしている「2次元人」には、自分たちの世界が曲がっているかどうかを「見ること」はできない。2次元世界には第三の方向である「高さ」がないからだ。それでもかれらが「空間の曲がり」を検出することはできる。ゴムシート上に描かれた三角形の内角の和を2次元分度器で測定してみればよい。内角の和が180度に等しければ空間は平坦であるし、180度より大きければ空間は球面のように曲がり、小さければ鞍面のように曲がっていることがわかる。

では私たちが暮らす世界はどうなのか。3次元世界に住む私たち「3次元人」は、「4次

平面……曲率ゼロ、すなわちどこまでもひろがる平坦な空間。任意の直線Lに対して、その直線上にない点Aを通る平行線がただ1本ひける。ユークリッド幾何学がなりたつ。

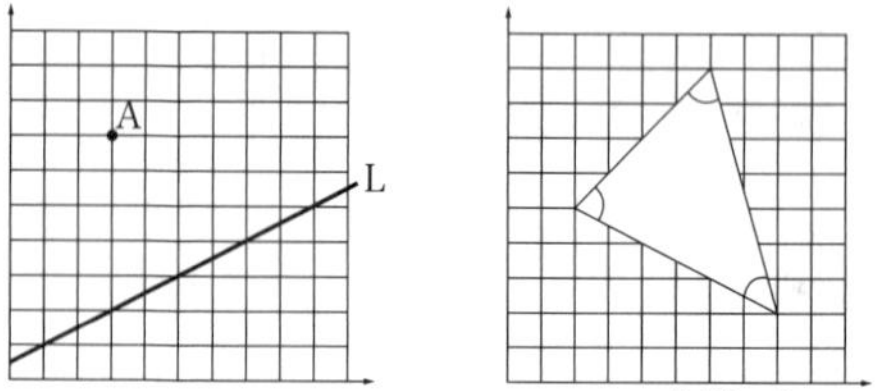

曲率＝0
三角形の内角の和＝180°

球面……曲率が正の値をとる閉じた空間。球面上では直線（2点間の最短距離）は大円の一部となり、したがって2本の直線を延長していくと、かならず2点で交わることになる。ユークリッド幾何学は成立しない。

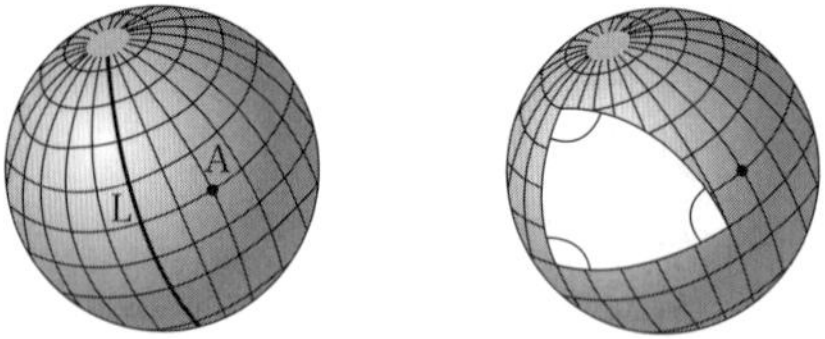

曲率＞0
三角形の内角の和＞180°

双曲面……曲率が負の値をとる、開いた空間。平行線を延長していくとたがいに離れていく。直線L上にない点Aを通る平行線は無数にひける。ユークリッド幾何学は成立しない。

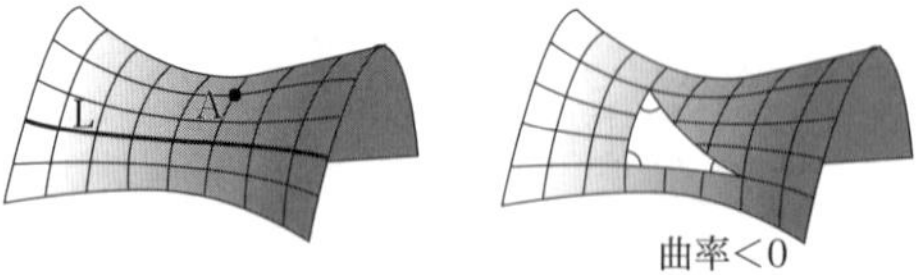

曲率＜0
三角形の内角の和＜180°

元人」のように一目瞭然でこの空間の曲がりを見ることはできないけれど、曲がっているかいないかを知ることはできる。かつてフリードリヒ・ガウス（1777〜1855）は三つの山頂を頂点とする巨大な三角形の内角の和を測定し、現実の3次元空間が曲がっているかどうかを確認しようとした。私たちの「世界」が、球面と同じように曲がっていれば、内角の和は180度より大きくなり、鞍面のように曲がっていれば、内角の和は180度より小さくなる。あいにく測定誤差よりも大きな差は見いだせなかったけれど、イデアの世界の幾何学と現実世界の幾何学のズレを検出しようとした試みは高く評価していい。

ガウスが活躍した18世紀末から19世紀前半にかけて、多くの研究者が平行線の問題にとりくんだ。ハンガリーの若き数学者ヤノッシュ・ボヤイ（1802〜1860）もそのひとりで、第5公準の正しさを証明しようと研究に没頭するが、やがてその証明は不可能だと考えるようになる。じつは彼の父ファルカシュ・ボヤイ（1775〜1856）も、ゲッティンゲン大学でガウスとともに学んだ数学者で、第5公準の研究に半生をささげながら、なんの成果もえられなかった。問題の奥深さに恐れをいだいた父は、研究から手を引くよう忠告したが、息子は聞き入れようとしない。ついに1823年、非ユークリッド幾何学のアイディアに到達するのだが、父との軋轢もあって、論文が仕上がるのはそれから8年も後だった。ようやく完成した息子の発見をファルカシュがガウスに知らせたところ、意外な返事がかえってくる。論文の内容も論理の道順も、ガウス自身が何年も前にたどりついた結論と同じだというのだ（ガウスは秘密主義で、みずからの成果を公表しないことがしばしばあった）。父は息子が大ガウスと同じ発見をしたことに喜んだけれど、息子はガウスに先をこされたことに大打撃を受け、やがてガウスが自分の研究を盗んだと考えるようになる。ヤノッシュの論文は１８３２年に出版された父ファルカシュの『数理教程』の付録として公表されたが、注目をあつめることはなかった。

同じころ、ロシアのカザンではニコライ・ロバチェフスキー（１７９３～１８５６）が、まったく独立に非ユークリッド幾何学の研究を進めていた。かれは「幾何学のコペルニクス」とよばれ、１８２９～１８３０年の『カザン通報』に「幾何学の原理について」を発表し、その後10年ほどをかけて非ユークリッド幾何学の基礎をつくりあげた。１８４０年には「平行線の理論に関する幾何学的研究」がドイツで公表され、ボヤイは自分と同じ研究がほかにも進んでいたことに大きな衝撃を受けた。ボヤイとロバチェフスキーは、ガウスとならんで非ユークリッド幾何学の創始者として名を残しているが、生前の栄誉はほとんどえられなかった。

＊

フェルマーの原理を認めるかぎり、光は常に最短距離を進み、わざわざ遠回りして（曲がって）進むことはありえない。ユークリッド幾何学がなりたつ平坦な空間では、たしかに光路は直線になるが、非ユークリッド幾何学の世界では事情は異なる。閉じた２次元空間として地球儀のような球面を考え、球面上の2点間の最短距離を調べてみよう。この2点に針を立て、針に巻きつけた糸を球面にそってピンと張ったとき、この糸が2点間の最短距離をあたえる。それは、球の中心を通る円（大円とよぶ）の一部になっている。光もまた、球面上の大円にそって最短距離を進むのだ。3次元世界に住む人は、この球面が曲がった有限な空間だと判断するだろうが、2次元世界から飛び出すことができない「2次元人」にとっては、球面は端のない無限につづく世界と認識される。そして、2点間の最短距離とは、大円にそった経路であると判断するだろう。

Ⅳ-9　一般相対性原理

一般相対性理論において、アインシュタインは光が重力によって曲がる現象を、「空間のゆがみ」という視点から理解しようとした。重要なのは、重力が空間をゆがめることであり、光が曲がるのは、空間のゆがみの結果おこった現象にすぎない、ということだ。新しい重力の理論、一般相対性理論を完成させるためには、ゆがんだ空間の幾何学「非ユークリッド幾何学」を基礎とした新しい定式化が必要だ。それは単にゆがんだ空間を記述するだけでなく、いかなるばあいにも理論の不変性を保証するものでなければならない。この不変性がくせものだった。

一般相対性理論を新しく構築するにあたり、アインシュタインはまず理論の足場となる二つの原理、すなわち「等価原理」と「一般相対性原理」とをさだめた。一般相対性原理とは、

「すべての座標系で物理法則は同じ形式で書きあらわされる」

というもので、１９０５年の相対性原理、

「すべての慣性系で物理法則は同じ形式で書きあらわされる」

とくらべると、適用範囲が「すべての慣性系」から「すべての座標系」に拡張されていることがわかる。この「一般相対性原理」の登場により、従来の相対性原理はこれ以後「特殊相対性原理」とよばれることになる。ニュートン力学がその基礎においた「ガリレイの相対性原理」とあわせて、これで三つの相対性原理がそろったわけだが、ここで、この三つの相対性原理によって時間と空間についての理解がどう変わってきたか、やや数学的なことばを交えながら考察してみよう。

ニュートン力学は、平坦な3次元ユークリッド空間を基礎にしている。二つの慣性系における座標（x, y, z）と（x', y', z'）は、ガリレイ変換によりたがいに変換することができ、そしてニュートン力学の方程式にガリレイ変換をほどこしても、方程式のかたちはかわらない。力学法則が〈同じ形式で書きあらわされる〉というのは、このことを意味している。つまりニュートン力学はガリレイ変換に対して不変であり、その不変性によって〈すべての慣

性系〉でつねに成立することが保証されているのである。

特殊相対性理論では、4次元時空の座標（ict, x, y, z）が登場するが、平坦な時空をあつかうという意味ではユークリッド空間が前提となっている。そしてどのような慣性系においても、電磁気学や光学をふくむあらゆる物理法則が、ローレンツ変換によって同じ形式であたえられる。特殊相対性理論のもとでは、物理法則はある慣性系の座標（ict, x, y, z）で書いても、これとはべつの慣性系の座標（ict', x', y', z'）で書いても、まったく同じ形式になる。これを「ローレンツ不変性」といい、特殊相対性原理の数学的な表現とみることができる。

右の二つの例からもわかるように、相対性原理それ自体には数式はふくまれていないけれど、これを数式で書かれた物理法則に適用すると、その法則は「座標変換に対する不変性」という数学的要請を課せられることになる。

一般相対性理論では、重力によってゆがんだ空間を取りあつかう。特殊相対性理論の4次元時空では、座標をあらわすには空間3次元プラス時間1次元の四つの量で足りたが、一般相対性理論では、重力場による空間のゆがみ（場所ごとに異なる）を記述するため、あわせて10個の量が必要になる。アインシュタインはリーマン幾何学を導入することで、これに対応した。一般相対性原理によれば、あらゆる座標系は同等の立場をもち、物理法則はいかなる座標系においてもその形式が保存されねばならない。そのためには、物理法則は、ガリレイ変換やローレンツ変換といった限定された変換に対してだけではなく、「一般座標変換」すなわち任意の座標変換に対して不変であることが求められる。これを「一般共変の原理」といい、どのような重力理論をつくるにせよ、その理論は一般共変性を保証するものでなくてはならない。以上をまとめると、左のようになる。

❖理論	❖基本空間	❖座標変換	❖数学的要請
ニュートン力学	平坦な3次元空間	ガリレイ変換	ガリレイ変換不変性
特殊相対性理論	平坦な4次元空間	ローレンツ変換	ローレンツ変換不変性
一般相対性理論	曲がった4次元空間	一般座標変換	一般共変性

3次元空間を前提とするガリレイの相対性原理は、200年間にわたりニュートン力学の基礎となっていた。アインシュタインは、古典力学の時間と空間についての常識が、深い物理学的考察に裏付けられたものではないことを鋭く批判し、まず力のはたらかない平坦な時空間を前提とした「特殊相対性原理」を提唱した。さらにかれは、等価原理を基礎として、より一般的な、重力場が存在する時空においてなりたつ「一般相対性原理」をうちたてた。あとはこの原理にもとづいて、理論を完成させるだけである。

Ⅳ−10　時空の幾何学

重力によってゆがんだ空間の幾何学を樹立するために、アインシュタインが頼りとしたのはリーマン幾何学だった。いったいどんな幾何学なのだろう。

ゲオルク・フリードリヒ・ベルンハルト・リーマン（1826〜1866）は、1854年6月のゲッティンゲン大学における就職講演「幾何学の基礎にある仮定について」において、n次元多様体やリーマン空間の概念を導入し、リーマン幾何学を世に問うた。その天才ぶりをいかんなく発揮したこの講演は、ガウスをはじめとする教授陣に「偉大な傑作」と賞賛され、リーマンは1859年、33歳の若さで教授に選ばれる。ガウスやディリクレら、歴代の大数学者が座ったポストの後継者となったわけだが、残念なことにほどなく肺をわずらい、39歳で世を去った。

ニュートン力学における平坦な3次元空間では、原点から点P（x, y, z）までの距離sは、ピタゴラスの定理を使って、

$$s^2 = x^2 + y^2 + z^2$$

であたえられる。

ミンコフスキー時空も同様に平坦ではあるが、時空内の点Qの座標は、四つの成分 (ict, x, y, z) をもつ4元ベクトルによって定義され、原点から点Qまでの距離 s は、

$$s^2 = c^2t^2 + x^2 + y^2 + z^2$$

であたえられる。

リーマンの卓越したところは、距離の概念を曲がった空間にまで拡張したことだ。一般に空間の曲がり方は、場所ごとにちがう。このようなばあい、微小な距離 ds を考えるというのが数学の常套手段である（まるい地球も小さな表面を考えれば、平面としてあつかうことができ、問題が簡略化できる）。リーマンは、n 次元空間の2点間の距離 ds をつぎの式であたえた。

$$ds^2 = \Sigma g_{\mu\nu} dx_\mu dx_\nu$$

《$g_{\mu\nu}$》はリーマン幾何学では「計量テンソル」とよばれる量で、この《$g_{\mu\nu}$》があたえられれば、その空間の幾何学的性質はすべて規定されるので、基本テンソルともいう。テンソル

とはベクトルを拡張した概念であり、これをとりあつかう「テンソル計算」は、すべての座標系に対して不変な法則をつくりあげるうえできわめて重要な手段となる。添字のμおよびνには、それぞれ1からnまでの数字が入り、記号Σは、こうしてつくられた《$g_{\mu\nu}$》を、

$$g_{11}+g_{12}+g_{13}+g_{14}\cdots\cdots+g_{21}+g_{22}+g_{23}+g_{24}\cdots\cdots+g_{31}+g_{32}+g_{33}+g_{34}\cdots\cdots$$

というようにすべて加えあわせることを意味している。みかけはシンプルだが、きわめて多くの項からなる量なのだ。アインシュタインは4次元時空に対して、テンソルの添字を1から4までとした。計量テンソル《$g_{\mu\nu}$》は$4\times4=16$個となるが、対称性を考慮し同じものを除外すると（g_{12}とg_{21}は等しい）、有効な成分は10個に減る。アインシュタインは、このリーマン幾何学の計量テンソルが、かれの求める重力の理論にきわめて重要な意味をもつことを見いだした。

ニュートンの重力理論では、重力場は「重力ポテンシャル」とよばれる、たった1個の量であたえられる。質量がmとMの2物体がrの距離にあるとき、重力ポテンシャルUは、

$$U=\frac{GmM}{r} \qquad (11)$$

であらわされる。Gは重力定数であり、距離rが定まれば、その場所における重力場は1個の定数であたえられることがわかる。ではアインシュタインが考察する4次元の時空間での重力場はどうすれば計算できるのか。じつはリーマンの計量テンソルがそのまま重力ポテンシャルとして利用できることに、アインシュタインは気がついた。4次元の時空間のなかのある〝点〟における幾何学的特性を規定する計量テンソルが、そのままその場所での重力を規定する量として利用できることになったわけだから、きわめて大きな前進だ（このため、《$g_{\mu\nu}$》は「アインシュタインの重力ポテンシャル」ともよばれる）。ここからスタートして、一般共変性を保ちつつ計量テンソルを操作して、最終的な重力場の方程式を発見すればいい。だがそれは楽な道のりではなかった。高等数学に不慣れなアインシュタインは、親友の数学者グロスマンの助けを借りて、まず一般相対性理論に必要な数学から学ばねばならなかったのだ。重力による光線の曲がりを検証する日食観測の準備に奔走しながら、理論の面では試行錯誤を繰りかえし、いったんは手に入れかけた正解から遠ざかるという、かれらしからぬ回り道もした。ついに1914年11月には最終版と自負する論文を書きあげたのだが、これに賛同する物理学者はいなかった。

1915年11月4日木曜日、アインシュタインはベルリンのプロイセン科学アカデミーで「一般相対性理論について」と題した論文を読みあげた。その冒頭、かれは前年秋に公表した重力場の方程式は誤りだと認め、一般共変性を重力の理論の出発点とすべきことを明言する。グロスマンとの共同研究でえられた1914年の方程式は、一般共変性を断念することでみちびかれたもので、それはアインシュタインが宇宙のどこでも通用する重力方程式を書くのをあきらめたことを意味していた。ところがいま、3年前に捨てさった「一般共変性」にたちもどって前年の論文を検討してみると、論理の見とおしがよくなって、より単純化された方程式があらわれてくる。重量場の方程式もすっきりしたかたちとなって、しかもその近似にはニュートン方程式がふくまれていた。さらに翌週11日の発表では、きわめて大胆な仮説を導入することで、ある特別な座標系では一般共変な場の方程式が導かれることがしめされた。重力を幾何学化するという大目標まで、アインシュタインはあと2週間のところまでせまっていた。

当時、ドイツの数学研究の中心だったゲッティンゲン大学の教授で、20世紀最大の数学者のひとりとされるダーフィト・ヒルベルト（1862〜1943）は、つぎのように語ったという。

〈ゲッティンゲンの道を歩いている誰をつかまえてもアインシュタインよりも四次元空間についてよく理解している。……ところが、それにもかかわらず、あのような仕事をやったのはアインシュタインであって、数学者ではなかった[39]〉

またべつの機会には〈何故に、われわれの世代でアインシュタインが空間と時間についてのもっとも独創的で深い言葉をいい得たのでしょうか？ それは、彼が時間および空間についての哲学と数学について何一つ学ばなかったからです！〉[39]とものべている。アインシュタインは数学者ではなかったけれど、物理の研究に数学が必要とされる局面では、たくみに数学をあやつることができた。一般相対性理論の完成にいたるプロセスは、そのもっとも端的な例といっていい。

11日の発表の時点で、おそらくアインシュタインは、新しい方程式が論理的に整合性がとれていることに強い自信をもっていた。だが理論が万人に受けいれられるためには、なによりもまず、その方程式が正しく自然を記述しているかどうかを検証する必要がある。自然のことは自然に聞け——アインシュタインは、二つの事例について計算を試み、その結果に大いに満足した。

第一は、水星の近日点移動の観測値を完全に説明できたこと。近日点とは、惑星の公転軌道（楕円軌道）の太陽にいちばん近い点をいい、長い年月のあいだにはその位置を変える。太陽にもっとも近い水星では、ニュートン力学による計算値より100年間に43秒（1度の60分の43）大きい変化が観測されていた。そこで水星のさらに内側にある未知の惑星ヴァルカンの影響だと考える天文学者もいた。近日点の移動は、近傍の惑星の影響が原因だと考えられていたわけだが、一般相対性理論は、惑星の作用がなくても、近日点が移動することを予測する。しかもアインシュタインが新たにみちびいた方程式で計算してみると、観測値とみごとに一致する答えが得られたのだ。〈私はうれしさのあまり数日間ぼうっとしていました〉[01]とアインシュタインは、後日、友人パウル・エーレンフェストにあてた手紙に書いている（1916年1月17日付）。

第二の収穫は、太陽の重力場による光の曲がりの数値について、自らの誤りを発見したこと。以前の予測値は、光を粒子すなわち光量子（光子）とみなし、この粒子が質量をもつと仮定してみちびいたものだった。つまりニュートンの平坦な3次元空間を飛ぶ光子の軌跡の曲がりぐあいを算出したわけだが、一般相対性理論では、曲がっているのは空間であり、光ではない。新しい方程式があたえた数値は、以前の値のちょうど2倍になった。日食の観測でこの値が確認されれば、一般相対性理論の正しさが証明されることになる。

11月18日、アインシュタインは、水星の近日点移動についての成果をアカデミーで発表し、さらに1週間後の11月25日、「重力場の方程式」と題した論文をアカデミーの物理数学分科会で読みあげた。

難産だった一般相対性理論が、ついに完成したのだ。

アインシュタインがたどりついた重力場の方程式は、どのような座標系においても理論が形を変えないという「一般座標変換に対する不変性」を保証しつつ、時空の本質をこのうえなくエレガントに、簡潔に記述している。

$$R_{\mu\nu}-\frac{1}{2}g_{\mu\nu}R=\frac{8\pi G}{c^4}T_{\mu\nu} \qquad (12)$$

方程式は三つのテンソルの項からなっており、物質のエネルギー・運動量テンソル《$T_{\mu\nu}$》によって、重力場をあらわす計量テンソル《$g_{\mu\nu}$》がきまることを示している。《$R_{\mu\nu}$》は時空の形状をあらわすリッチ・テンソル、Rはスカラー曲率、Gはニュートンの重力定数だ。

IV―11　いざ、プリンシペ島へ

一般相対性理論の論文が公表されても、すぐにそれが他国の科学者たちの目にふれたわけではなかった。第1次世界大戦がその成果の伝達を妨げたのだ。アインシュタインは、中立国スイスを経由して、イギリスに論文を送ろうと試みたがうまくいかなかった。しかしオランダの天文学者ウィレム・ド・ジッター（１８７２～１９３４）がケンブリッジ天文台の台長アーサー・エディントン（１８８２～１９４４）に送った郵便は、ドーヴァー海峡をわたって無事にロンドンに到着した。天文学者であると同時にすぐれた理論家でもあったエディントンは、一般相対性理論の革新的でエレガントな内容を正しく読みとり、熱烈な相対論支持者となった。エディントンからアインシュタインの業績について情報をえたイギリスの物理学者や天文学者は、日食での観測が一般相対性理論の予測を検証できることも正しく理解した。

当時の王立天文台長サー・フランク・ダイソン（1868〜1939）は、1919年5月29日に皆既日食があり、アフリカ、ブラジル、オーストラリアを横切る赤道近傍の一帯で観測が可能になることに目をつけた。都合のいいことに、この日食はおうし座の中心でおこり、その背後にはヒアデス散開星団をふくむ多くの恒星がある。それらの星の光は、太陽の近傍をかすめて地球に達することが予測される——このまたとない機会を見のがしてはならない。ダイソンは、この夢の計画の重要性について政府に説いてまわり、精力的に資金の調達にあたった。

1918年11月11日、第1次世界大戦が終わり、ダイソンとエディントンは、翌年5月の日食に向けて計画の細部にわたる検討に没頭できるようになった。この計画がはらんでいる最大の危険性は、もし天候に恵まれなければすべての努力がまったくむだになってしまうことで、これを回避するには、できるかぎり多くの場所で観測することが望ましい。観測地が多いほど、どこかで良い天候に恵まれる可能性が高くなるからだ。しかし赤道ちかくまで数千キロを遠征するには莫大な費用と人手を必要とする。このようなディレンマのなかでダイソンとエディントンは、同時に2ヵ所へ遠征隊を送るとの結論に到達した。アフリカ西海岸沖のプリンシペ島（北緯2度、東経7度）と、もう1ヵ所は大西洋の対岸、ブラジル東岸のソブラル（南緯4度、西経40度）が選ばれた。エディントンは、アフリカ遠征隊の隊長をつとめることになり、ブラジルでの観測には、グリニッジ天文台の研究者によってチームが編成された。

日食の81日前の1919年3月8日、イギリス軍艦アンセルム号は、二つのチームを乗せてリヴァプールを出帆した。途中、モロッコの西方に位置するポルトガル領マデイラ島でエディントン・チームは下船し、ポルトガルの貨物船でプリンシペ島へ向かった。アンセルム号はグリニッジ・チームを乗せたままブラジルへ進む。エディントン隊を乗せた船は日食の約1ヵ月前の4月23日プリンシペ島に着いた。この島は当時、ポルトガルの植民地だった。熱帯雨林で覆われた緑の島とそれを囲む澄みきった海。そこは文明から遠く隔離されたこの世の楽園であった。研究者たちは、155平方キロメートルの小さな島を車でくまなく走り回り、島の北西に観測に適した場所を探しあてた。生涯一度の決定的な日に向けて周到な準備が進められ、当日の作業を予想して慎重なリハーサルがくりかえされた。

＊

計算によれば、日食はグリニッジ標準時で5月29日午後2時13分から約5分間おこる。当日の朝、10時から11時30分にかけてかなり強い雨となったが、2時ごろには雲間から太陽が見え隠れするようになった。隊員たちは全員、不安と期待に胸が高鳴るのをおさえることが

太陽による光の曲進

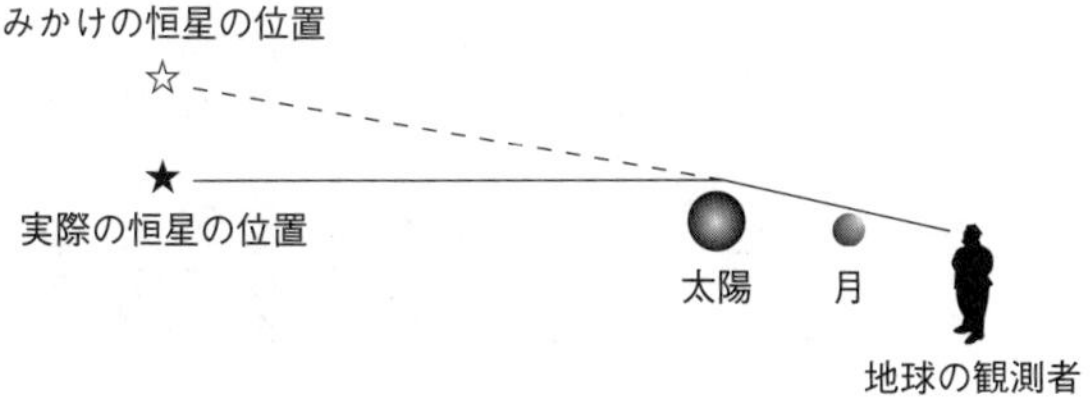

遠方の恒星からの光は、太陽の重力場で曲げられて地球に到達する。日食時には太陽の光が月に遮断されるので、写真を撮ると恒星は「みかけの位置」にあるように写る。太陽の重力場が影響しないときに撮影された写真と比較することで、光の曲進が確認できるというわけだ。1919年5月、イギリスの2チームによる観測で、太陽近傍を通る恒星の光の曲進が実証され、しかもその曲がりぐあいは、一般相対性理論の予測値にきわめて近いものだった。

曲がった空間と光の曲進

一般相対性理論によれば、光の進路が曲げられるのは太陽の重力に引っぱられるからではない。物質が存在すると、その重力によって平坦な時空が曲げられる。この曲がった時空にそって光が〝直進〟するため、曲がって観測されるのだ。右図に示したように太陽の周辺では、おもりをおいたゴム膜のように空間がたわんでおり、恒星からの光はこの曲がりにそって進む。みかけの位置が実際とずれるのはそのためだ。

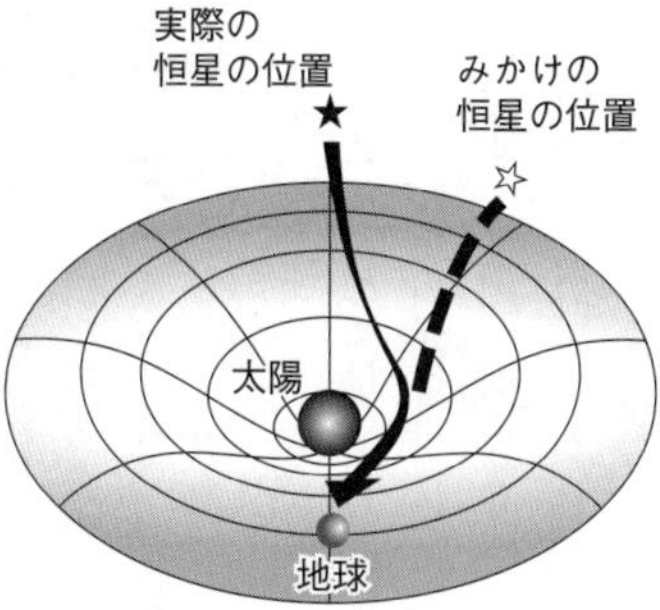

できないまま天空の一点を凝視した。運命の一瞬がおとずれる。見えた！　あたり一面が暗闇につつまれ、隠された太陽のまわりの暗黒のなかに、はっきりとおうし座の星ぼしが確認されたのだ。口径13インチと4インチの2台の望遠鏡にセットしたカメラは、特別の注意を払って正確に調整されている。エディントンと同僚たちは、死にものぐるいで撮影した。薄暗いなかで動きまわるスタッフの姿を、エディントンは〈ロウソクの代わりに太陽をつかった影絵箱[40]〉にたとえている。

〈私たちはその影絵箱にすっかり気を取られてしまった。上空には息を呑むような光景がひろがっている。のちに写真を見てわかったことだが、すばらしい紅炎《プロミネンス》が太陽の10万マイル上空でゆらめいていたというのに、それを眺める時間すらなかった。私たちが意識していたことはといえば、周囲の自然の奇妙な薄暗さと静けさ、その静寂をときおり破る観測隊員の声、そして皆既日食のつづく302秒間をきざむメトロノームの音だけだった[40]〉

　望遠鏡の近くに、撮影した写真をすぐ現像できるように、急ごしらえの実験室が建てられていた。日食時の星の位置が太陽の重力場でずれることを確かめるためには、日食時にとった恒星群の写真を、夜間（このとき太陽は地球の反対側にあるので星の光は重力場に影響されない）にとった写真と比較する必要がある。夜間の写真は、すでに出発前にケンブリッジで撮ってある。あとは、いま写した日食の写真を現像し、つきあわせればよい。慎重なエディントンは、万全の準備を整えたうえで、一部のフィルムを現像してみた。曇り空のため何も写っていない乾板が多かったが、うち1枚にぼんやりと5個の星が写っていた。その位置をケンブリッジの写真とくらべると、いずれも太陽の中心から遠ざかるようにずれている。太陽から離れるにしたがって、重力の影響は減少しずれは小さくなるはずだが、その傾向もはっきり読みとれた。

帰国後、すべての写真の解析が行なわれ、位置の平均のずれは1・61秒、その標準偏差（測定値のばらつきの程度を示す量）は0・3秒と確定された。この値は、統計誤差の範囲で、一般相対性理論の予測値1・75秒と一致している。

ソブラルのチームも、プリンシペ・チームに劣らない質のよい写真をとっていた。このチームがロンドンに帰るのには3ヵ月ちかくかかったが、帰国後すぐに写真が解析された。結果は1・98秒で偏差は0・12秒となり、これもまた一般相対性理論の予測値とよく一致していることがわかった。いまやアインシュタインの予測は、二つのチームの日食観測によって、統計誤差の範囲内で完全に実証されたのだ。

ところで、この相対性理論の検証という大事業に、アインシュタインはどのようにかかわっていたのだろうか。結論をいえば、この実験は、アインシュタインには何の知らせもなく計画され、実行され、さらには観測結果すら直接には伝達されなかった。ようやく9月になって、アインシュタインはオランダの友人経由で、エディントンらの日食観測が一般相対性理論の正しさを実証したことを知った。第1次世界大戦による長期の敵対関係があったとはいえ、イギリスの科学者たちがここまでアインシュタインを無視したのはなぜだろう。日食観測が検証しようとしているのは、アインシュタインの理論そのものだというのに。あるいは、ニュートンが確立した古典力学が2世紀余にわたり物理学をリードしてきた、というプライドのなせるわざだったのか……。

1919年11月、日食観測の成果の報告と一般相対性理論の議論を目的として、王立天文学協会と王立協会の合同会議が開かれた。王立協会会長をつとめる物理学者サー・ジョセフ・トムソン（1856～1940）は、開会の辞において、アインシュタインの理論は〈人類の思考の歴史における最大の業績の一つである〉と賞賛し、つぎのようにのべた。〈これは、新しい科学思想の離れ小島の発見ではなく、全大陸の発見である。これはニュートンがその原理を発見していらいの、重力に関する最も大きな発見である〉[15]。発見の主役エディントンは、観測の結果がニュートンの法則からみちびきだされる値ではなく、アインシュタインの一般相対性理論から予測される値を支持していることを明確にのべた。

会議はイギリスのマスコミの注目を集め、11月7日の「タイムズ」紙は「科学の革命」と題したタイトルを掲げて大々的な報道を行ない、ニュートン理論をくつがえす宇宙の新理論が誕生したこと、その理論によれば空間がゆがんでいることを伝えた。同紙は翌8日にも「アインシュタイン対ニュートン」と題して著名な物理学者たちの見解を掲載し、相対性理論の革新性を人びとに印象づけた。その後、「ニューヨーク・タイムズ」をはじめ世界のメディアが同様の大報道をくりひろげ、アインシュタインはわずか数日にして世界で最も名を知られた科学者となった。

Ⅳ-12 戦乱のなかで

一般相対性理論が完成する1915年ごろ、ヨーロッパは戦乱のさなかにあった。不安定な戦時下において、アインシュタインの私的生活もまた大波にもまれていた。

1914年、35歳のアインシュタインは住みなれたチューリヒを離れてベルリンに移り、カイザー・ヴィルヘルム研究所内にオフィスをかまえた。ベルリン大学では学生の指導義務を免除されていたし、研究所の所長に就任するのは1917年の10月だったから、アインシュタインは多くの時間をみずからの研究にあてることができた。ドイツで暮らすのは、軍国主義的な教育を嫌ってギムナジウムを飛びだした15歳のとき以来である。ベルリンは好戦的な気分にあふれ、不寛容と反ユダヤ主義がはびこっていた。このような厳しい環境にもかかわらず、かれはベルリンを知的活動の場所として選んだ。当時ベルリン大学の物理学部は、マックス・プランク、ヘルマン・ネルンスト、マックス・フォン・ラウエ、グスタフ・ヘルツとジェイムズ・フランクらのノーベル賞科学者が名をつらねており、文字通り世界最高の知の殿堂であった。それともうひとつ、ベルリンには従妹のエルザがいたことも、アインシュタインの気持をひきつける理由だったようだ。ベルリンには成功した実業家の叔父がいて、その娘エルザは夫をなくして、実家にもどっていた。アインシュタインがミュンヘンにいた少年時代、エルザはしばしばかれの家を訪れ、好ましい印象をあたえていた。1912年の春、ベルリンに滞在したアインシュタインはエルザと再会し、その後は手紙をとり交わしながら、たがいに思いを深めていった。

いっぽう今では家庭の主婦に甘んじなければならなくなっていたミレヴァにとって、ベルリンにどんなにすぐれた物理学者がいるかはどうでもよかった。かつて研究のパートナーになるという期待に胸ふくらませたミレヴァは、いまや子育てと家事に追われるハウスワイフになっていた。民族差別と戦争気分の蔓延するドイツに住むことも耐えがたい。なによりも部屋に閉じこもって思索にふけり、自分だけ有名になっていく夫がミレヴァは憎らしかった。1914年7月半ば、ベルリンで生活することわずか3ヵ月ほどで、ミレヴァは二人の子供とともに住みなれたチューリヒに帰ってしまった。ひとり残されたアインシュタインは研究に没頭しながら、ときには近くに住むエルザを訪ねて家庭料理を楽しんだ。彼女は、ミレヴァとはまるでちがって、世話ずきで、パートナーが有名人であることを単純に喜ぶタイプの女性であった。1919年2月、正式に離婚が成立し、そのわずか4ヵ月後にアインシュタインはエルザと結婚した。1922年、アインシュタインがノーベル賞を受賞すると、その賞金はそっくりミレヴァに渡された。

ヨーロッパでは世界大戦の嵐が吹き荒れ、ベルリンではミレヴァとの不幸な別離があったにもかかわらず、アインシュタインは驚異的な集中力で研究に没頭していた。1917年、かれはプロイセン科学アカデミーに「一般相対性理論についての宇宙論的考察」と題する論文を提出した。完成したばかりの一般相対性理論を駆使して宇宙の総体を論じたもので、近代宇宙論の誕生を告げる画期的な成果である。と同時にそれは、かれの生涯でもっとも論争をよぶことになる主題でもあったのだが。

宇宙全体はどんな構造をもっているのか？　宇宙は進化するのか？　アインシュタインが宇宙に目を向けるようになったのは、エルンスト・マッハの影響が大きいといわれている。マッハは「マッハの原理」によって、ある物体（質点）に作用する全慣性とは、宇宙に存在する他のすべての質量がおよぼす効果である、という考えを主張していた。

この論文でアインシュタインが苦慮したのは「無限遠方」のあつかい方だった。ニュートンの重力理論で宇宙を論じるには、重力の強さをあたえる重力ポテンシャルが無限遠方で一定値に近づくという「境界条件」を導入する必要がある。ところがこの条件を加えても、安定した宇宙モデルがえられないことにアインシュタインは気づいた。ある一定のエネルギーを獲得した恒星は宇宙の外にとびだしていってしまい、しかもそれがくりかえしておこる。つまり宇宙はいつのまにか崩壊してしまうのだ。この事情は一般相対性理論で宇宙を論じるばあいにもかわらない。

この困難をのりきるために、アインシュタインはとんでもない妙手を思いつく。宇宙を閉じた空間とみなすことで、無限遠方を封じこめてしまうのだ。大地が平坦であると考えるから「地の果て」が存在する。しかし地球表面の「閉じた2次元曲面の世界」には「地の果て」はない。同じようにわれわれの「3次元の宇宙空間」が閉じた空間だと考えれば、「宇宙の果て」は存在しなくなり、境界条件も不要になる。まことに傑出したアイディアというべきだが、この「閉じた宇宙」仮説は、一般相対性理論の重力場の方程式とあいいれない。そこでアインシュタインは、方程式にちょっとした修正を加えることにした。すなわち、

$$R_{\mu\nu}-\frac{1}{2}g_{\mu\nu}R+\lambda g_{\mu\nu}=\frac{8\pi G}{c^4}T_{\mu\nu}$$

という「宇宙方程式」をつくりあげた。オリジナルの重力場の方程式［182頁］に《$\lambda g_{\mu\nu}$》の項が加えられている。問題は、この《$\lambda g_{\mu\nu}$》がなければ、宇宙が時間的に変化してしまうことだった。現在でこそわれわれは、宇宙には数千億もの銀河が存在していることを知っているけれど、この論文が書かれた当時、宇宙にはたった一つの銀河（われわれのいる天の川銀河）があるだけだと考えられていて、すぐ隣にあるアンドロメダ銀河でさえ（といっても230万光年はなれているが）、われわれの銀河内に浮かぶガスの塊だと思われて

いたのである。ましてや、今日の観測が明らかにしているように、銀河がたがいに猛烈なスピードで遠ざかっているなどということは誰も想像すらしなかった。そうした１９１０年代の〝宇宙観〟にかんがみれば、重力場の方程式に《$\Lambda g_{\mu\nu}$》の項をつけ加えるのはまことにつごうがいい。というのは、重力はすべての物体をたがいに引きよせるから、静止した有限の宇宙では星々が中心に集まって、最終的に宇宙は潰れてしまう。これに対して《$\Lambda g_{\mu\nu}$》は斥力をあたえ、つまり宇宙の崩壊を防いでくれるのだ。アインシュタイン自身、宇宙は永遠に不変でなければならないという強い信念をもっていたから、むしろよろこんでこの修正を受けいれたのではなかったろうか。

この項はのちに「宇宙項」もしくは「宇宙定数」とよばれ、かれの生前だけでなく、その後の宇宙論においても、物議をかもすことになる。λ《ラムダ》の値は非常に小さく、この修正によって、太陽近傍を通る光の湾曲には影響をあたえないよう調整されている。まさしく物理学の魔術師ならではの巧妙なやりかたによって時間的に変動しない静的な宇宙モデルが創成されたのだった。アインシュタインが加えた修正には問題があるにせよ、これこそ物質世界全体をふくむ宇宙を科学的に取りあつかうことを可能にした、はじめての理論といっていい。

５年後の１９２２年、ロシアのアレクサンドル・フリードマン（１８８８〜１９２５）は、アインシュタイン方程式を素直に解いて、今日のビッグバンモデルの基礎となった膨張宇宙の式をえた。宇宙は時間とともに変化するという動的な宇宙論の誕生である。ドイツの物理学雑誌「ツァイトシュリフト・フュール・フィジーク」に掲載された論文を読んだアインシュタインはさっそく同誌に反論を送り、フリードマンは計算まちがいをおかしており、したがって非定常的な宇宙という結論は疑わしいと主張した。フリードマンは再反論の書簡を送ったが、アインシュタインは東洋への長旅にでたあとで、論争にはならなかった。けっきょく翌1923年5月、フリードマンの手紙を携えた友人ユーリ・クルトコフがライデンでアインシュタインに面会して詳細に説明したところ、まちがっていたのは自分であることを認め、ただちに前言とりけしの書簡を「ツァイトシュリフト・フュール・フィジーク」誌に送った。

「私は以前、（フリードマンの研究を）批判したが、クルトコフ氏が届けてくれたフリードマンの書簡によって、その批判は私の計算の誤りにもとづくことが了解できた。思うにフリードマン氏の結論は正しく、新たな視点をもたらすものといっていい」

さらに数年後、宇宙は永遠に不変であるというアインシュタインの信念は、完膚なきまでに叩きのめされる。1929年、エドウィン・ハッブル（1889〜1953）が宇宙膨張の決定的な証拠を発見したのである。ジョージ・ガモフによれば、アインシュタインは宇宙項について〈自分の生涯の最大の失敗だった〉[46]と語ったという。ここでアインシュタインのためにひとつつけ加えるならば、最新の宇宙観測のデータは、宇宙定数の必要性を示唆していることを指摘しておきたい［詳細はⅥ章で解説する］。

Ⅳ-13　誰が「場の方程式」を発見したか？

一般相対性理論の核心となる方程式を最初に発見したのは、じつはアインシュタインではなかったと、つい近年まで信じられていた。ゲッティンゲン大学のダーフィト・ヒルベルトがアインシュタインよりも早く、同じ結論に到達していたというのである。アインシュタインが一般相対性理論の最終論文を書きあげてプロイセン科学アカデミーで発表したのは１９１５年11月25日のことで、翌週の12月２日には印刷公刊された。いっぽうヒルベルトの最終論文が公刊されたのは１９１６年３月31日のことだったが、論文がゲッティンゲン科学協会に提出されたのは前年の11月20日、つまりアインシュタイン論文の５日前だった。両者はともに重力場の方程式をみちびいているが、その先取権は、もちろん５日はやく論文を提出したヒルベルトにあると、科学史の専門家たちは考えてきた。それればかりではない。二人は研究成果についてたがいに情報交換をしており、アインシュタインはヒルベルトに、論文を事前に送ってほしいと依頼していた。つまりアインシュタインは公刊前のヒルベルト論文を見るチャンスがあり、それにもとづいて自身の最終論文を完成させたのではないか、と勘ぐるむきもあったのだ。20世紀を代表する数学者と物理学者をめぐる盗作疑惑である。

１９９７年、イスラエル、ドイツ、アメリカの研究者チームが包括的な調査を行ない、この疑惑に最終的な裁定を下した。「遅ればせの決着――ヒルベルト＝アインシュタインの先取権論争」と題された論文（レオ・コリー他「サイエンス」11月14日号）は、1915年の11月に繰り広げられた二人の天才の丁々発止のやりとりを伝えてまことに興味ぶかい。

ヒルベルトが一般相対性理論を研究するようになったのは1915年の夏。アインシュタインがゲッティンゲンを訪れ講演をしたころからである。7月から10月にかけて、ヒルベルトはグスタフ・ミーの特殊相対論的電磁理論と、アインシュタインのリーマン幾何学にもとづく重力理論へのアプローチとを融合させる道を模索し、いっぽうアインシュタインはここ2年ほどの研究の見直しを進めていた。事態が動くのは11月に入ってからだ。

11月4日、アインシュタインはプロイセン科学アカデミーで「一般相対性理論について」と題する論文を読みあげ、そのなかで3年前に捨てた「一般共変性」を重力理論の出発点とすべきことを確認し、7日にはその校正刷をヒルベルトに送った。11日には、右の論文の「補遺」をアカデミーで発表したが、まだ最終的な理論の完成にはいたっていない。13日、ヒルベルトはアインシュタインに葉書を送り、ゲッティンゲンに来ないかと誘う。16日にヒルベルトは「貴兄の最大課題の原理的な解決」について講演を行ない、アインシュタインが先にみちびいた結論とは異なる結果を発表する予定だというのである。アインシュタインは多忙と体調不良を理由に誘いを断り、ヒルベルト論文の写しを送ってほしいと依頼した。

さっそく送られてきたヒルベルト論文は、アインシュタインの期待にそうものではなかった。かれは18日付で書簡を送り、ヒルベルトが独自のものだと主張するシステムは、じつはここ数週間に自分が発見しアカデミーに提出したものと同じ内容のものであると指摘し、こうつけ加えた。

〈困難なのは$g_{\mu\nu}$に対して一般共変な方程式をみつけることではありません。リーマン・テンソルをつかえばそれは可能なのです。ほんとうに困難だったのは、これらの方程式が一般性をもっているかどうか、つまりニュートンの法則の、シンプルかつ自然な一般化になっているかどうかを見極めることでした……。しかしその困難はいまや克服されたのです[01]〉

これは、実質上のアインシュタインの勝利宣言だった。先にのべたように、新たな仮説を導入して数学的な導出を試みたところ、有望な方程式がえられたのだ。すばらしいことに、この方程式で水星の近日点移動がみごとにみちびけたし、太陽の重力による光線の曲がりの予測値も訂正できた。ライヴァル宛ての手紙はこう締めくくられている。

〈今日、アカデミーで論文を発表します。そのなかで私は、一般相対性から、いっさいの仮説ぬきに、ルヴェリエが発見した水星の近日点移動を数学的にみちびきました。これまで、どんな重力理論も成しえなかった成果です[01]〉

これに対してヒルベルトは、19日付で葉書を送ってきた。型どおりの祝いの文句をのべているが、内心おだやかではなかったろう。ヒルベルトはアインシュタインの数学的能力を決して高くは評価していなかった。アインシュタインがこれまで一般相対性理論でなんどか過ちをくりかえしてきたことからすれば、水星の計算で成功をおさめたというのもあやしいものだ。アインシュタインのいう最終的な方程式がどんなものかはまだわからないけれど、ともかく自分がえた新たな結論を発表するのが先決だろう……。ヒルベルトの気持を推測すれば、そんなところになろうか。翌20日、ヒルベルトは自らの論文を「ゲッティンゲン科学学会報」に提出した。

いっぽうアインシュタインは「重力場の方程式」と題した論文を完成させ、25日にアカデミーで読みあげた。2週間前に導入した仮説は、いまや不要であることがわかり、場の方程式をわずかに修正すればいいことが判明した。〈ここにおいて、ついに一般相対性理論の理論構造が完成しました[01]〉とアインシュタインはのべたが、聴衆の何人がその内容を理解していたろうか。

翌26日、アインシュタインは友人ハインリヒ・ツァンガーにあてた書簡のなかで、ある人物が自分の業績を盗もうとしている気がする、と訴えた。名前こそ記していないが、ヒルベルトをさしていることは明らかだ。一般相対性理論のことでは、人びとの疑わしいふるまいを学んだといい、〈けれどもそのことで僕は心配していない[01]〉とかれは書いている。ようやく一般相対性理論を完成させた余裕というべきだろう。

『アインシュタイン全集　第8巻』に掲載されたヒルベルトとの交信はこの後しばらくとだえているが、12月20日になってアインシュタインは手紙を書く。12月のはじめ、ゲッティンゲン王立協会はアインシュタインを通信会員に選出した。その通知に対する礼を簡単にのべたのち、この機会にあなたに是非ともお伝えしておきたいことがあります、とアインシュタインはきりだす。

〈確かにわれわれのあいだには怒りがありました。そのわけを私はこれ以上分析したいとは思いません。私はあのとき抱いた苦い感情と戦い、克服しました。私は依然、少しも優しい心を減らさないでおります。あなたもそうなさるようにお願いします(37)〉

二人のライヴァルの和解は、どうやらこれで成立したらしいのだが、問題はそこで終わらない。1916年3月末にヒルベルトの最終論文が刊行された。そこにはアインシュタインがみちびいたのと本質的には同じ「重力場の方程式」がふくまれており、しかもその論文提出日は1915年11月20日となっていた。科学の世界の常識でいえば、方程式の先取権はヒルベルトにある。それにしても、ヒルベルトはいつの間に、正しい方程式にたどりついたのだろう。

1997年の調査では、新たにヒルベルト論文の校正刷が発見され、これが「遅ればせの決着」の鍵となった。この初校ゲラのなかでヒルベルトは、自分の理論が「一般共変」でないことを認めていた。一般共変の方程式10個に加えて、因果律を保証するために一般共変ではない四つの方程式を付加せざるをえなかったのだ。これでは正しい結論をみちびくことはできない。校正刷には印刷所のスタンプが押してあり、日付は12月6日となっていた。アインシュタイン論文が公刊されたのは12月2日だから、ヒルベルトはライヴァルの論文を見てゲラを訂正できたことがわかる。じっさいにゲラの《$g^{\mu\nu}$》ポテンシャルのところには注が加えられ、〈アインシュタインによって最初に導入された〉[44]とのペン字が書きこまれているのだ。ヒルベルトが先に到達したのでもないし、これまで多くの学者が信じていたように二人がそれぞれ独立に正しい方程式をみちびいたのでもなかった。コリーらの論文はこう締めくくられている。〈もしヒルベルトが、「1915年11月20日提出」という日付を訂正してさえいれば（アインシュタインの最終論文が発表された12月2日以降ならいつでもよかったのだ）、先取権をめぐる論争がのちのち起こることはなかったろう〉[44]

Ⅳ-14 — まとめ

さいごに、一般相対性理論ができあがるまでのプロセスを復習しておこう。

一般相対性理論は「等価原理」の発見にはじまった。自由落下している人間は重力を感じない、すなわち重力は消すことができるという、アインシュタインの「生涯で最も素晴らしい考え」が第一歩だ。「落ちるリンゴ」ではなく「落ちる人間」であるところがポイントで、この人物が手のひらにリンゴをのせたまま落ちたとしても、落下中は手にリンゴの重さを感じることはない。

「重力を感じないこと」すなわち「重力の消失」である、とアインシュタインは考えた。自由落下という「加速度運動」をすることで、重力が相殺されたということだ。重力がもたらす「重力質量」と、加速度運動による慣性力（みかけの力）に起因する「慣性質量」とが一致することは、ガリレイの時代から知られており、19世紀になると高い精度で実験的にも確認されるようになった。この経験的な知識を、アインシュタインはつねに厳密になりたつ原理として採用し、重力の理論を考える出発点においた。

(1)等価原理……重力質量と慣性質量は等しい。

等価原理によれば、重力のはたらく静止系と、加速度運動をしている座標系とは、たがいに区別することができない。ニュートン力学では絶対的な力だった重力は、こうして相対化され、慣性系に限定されていた「相対性原理」は加速度系をふくむ一般の座標系にまで拡張される。

(2)一般相対性原理……すべての座標系で、物理法則は同じ形式で書きあらわされる。

特殊相対性原理［37頁、172頁］とくらべてみてほしい。特殊相対性理論では、物理法則は「ローレンツ変換について不変」であることを求められたが、一般相対性理論では、物理法則はさらに一般的な数学的条件を満たすことが要請される。これが「一般共変の原理」であり、(2)の数学的表現ということができる。

(3)一般共変の原理……異なる座標系で「物理法則が同じ形式で書きあらわされる」ために

は、物理法則が任意の座標変換に対して不変である必要がある。

新しい重力理論が宇宙のどこでもなりたつためには、(3)を満たさねばならない。

(1)(2)により、加速度系でおこる物理現象は、重力場でもおこることが予想される。加速度系では光が湾曲するが、それなら重力場でも光は湾曲するはずだ。これは光が曲進するのではなく、空間が重力によってゆがめられるためだとアインシュタインは考えた。

(4)物質が存在することで空間はゆがみ、このゆがんだ空間が重力を発生させる。こう考えることにより、重力を「空間的」に把握することができる。

ゆがんだ空間を数学的にあつかうため、リーマン幾何学を導入する。リーマン幾何学の計量テンソル《$g_{\mu\nu}$》は、ある特定の場所における空間の曲がりぐあいを示す〝幾何学的な指標〟だが、この《$g_{\mu\nu}$》が一般的な重力ポテンシャルとみなせることにアインシュタインは気づいた。さらにつごうのいいことに《$g_{\mu\nu}$》を用いると、物理法則のさまざまな方程式が任意の座標変換に対して不変な形式に書ける。つまり(3)の要件を満たすことができる。

(5)《$g_{\mu\nu}$》が満たすべき「場の方程式」を書くことで、一般相対性理論は完成した。

＊

一般相対性理論からはつぎのような帰結がみちびかれる。

(a)重力場では光は曲進する。

(b)重力場では時間が遅れる。

(c)質量をもつ物体が運動すると、重力波が発生する。重力波は光速で伝わる。

(a)は「等価原理」からみちびかれる帰結で、もしこれが実験的に確かめられなければ、一般相対性理論のおおもとの前提が誤っていたことになるとして、アインシュタインはその検証に全力を注いだ。IV-11節にのべたように、光の曲進は1919年、エディントンらの日食観測によって劇的に実証されたが、その数値の精度については、今日では疑問視する声が強い。しかし、凸レンズが光を集めるように、巨大な質量の天体のそばを通過する光が曲げられる「重力レンズ」の現象は、これまでにいくつか実例が見つかっており、したがって(a)については実験的な確証がえられているといっていい。

(b)の時間の遅れについても実験的に確認されている。高さ100メートルのビルの屋上と地表とでは、重力の強さはわずかながらちがう。地表のほうが(地球の重心に近いので)重力が強く、そのぶんだけ時間が遅れるのだ。1959年および1960年には、放射性物質を利用して高さ22・5メートルの塔の上と地上の「時間の遅れ」を検出する実験が行なわれ、高い精度で理論を支持する結果がえられた。また1971年には、ジャンボジェット機に原子時計を積みこんで地球を一周し「時間の遅れ」を確認する実験が行なわれた。このばあいには、高速飛行にともなう特殊相対性理論の「時間の遅れ」効果と、重力の弱い高空を飛ぶことによる一般相対性理論の「時間の進み」効果があらわれる。測定の結果は誤差1・6パーセントの精度で理論を支持していた。

(c)の重力波は、いまだに検出されていないが、大がかりな検出装置の建設が世界各国で進められている。重力波は、最初期の宇宙を読みとく観測手段としても応用が期待されており、これについてはVI章でふれる。

2004年4月20日、NASA（アメリカ航空宇宙局）は重力探査衛星B（GPB）を打ち上げた。一般相対性理論によれば、地球の周囲の重力場は、自転に引きずられてねじれている。この「慣性の引きずり」現象を、16ヵ月かけて検出する予定だ（2004年10月、NASAはレーザー地球力学衛星LAGEOSのデータで「引きずり」が確認されたと発表した）。一般相対性理論を実験的に確認する試みは現在もつづけられているのである。

V章　ドイツからアメリカへ

V－1―ドイツ国家主義とシオニスト運動

ドイツは1918年、第1次世界大戦に敗北した。だが、権力を失ったドイツの軍人や地主たちは、敗戦はユダヤ人たちが密かに行なった反逆によるものだと主張し、その結果、反ユダヤの感情が今までにも増して強くなった。いっぽうユダヤの人びとは、かつて先祖が暮らした聖地パレスチナに自分たちの文化的・民族的な中心となる国家を建設するというシオニスト運動を積極的に推進しはじめた。第1次世界大戦中にイギリス政府がシオニズムを支持する方針を打ち出したこともあって、運動は世界的な広がりをみせていた。

ユダヤの知識人たちは当初、こうした民族主義の運動に距離をおいていた。シオニズムもドイツ国家主義も民族主義という点では変わりがないし、パレスチナに多数のユダヤ人が入植すれば、アラブ諸国とのあいだに衝突が起きる可能性もある。多くの困難が予想されるにもかかわらず、アインシュタインは1921年にシオニスト運動の支持を表明し、周囲をおどろかせた。さまざまな理由があったろうが、ひとつには、ユダヤ人の大学をエルサレムに建設するという計画が、かれの気持を動かしたと思われる。アインシュタインは、ヨーロッパにはびこるユダヤ人差別のために、学問を志すユダヤの若者たちがしばしば望みを断たれるのを目撃してきたのだ。

アインシュタインは生まれながらの平和主義者だった。1929年、ベルリンを訪れたアメリカの編集者に向かって、こう語っている。

〈私の平和主義は一種本能的な感情です。私を占有している一つの感情なのです。他の人間を殺害することを考えるのは、私にとって忌わしいことです。私の態度は知的な理論の結果ではなくて、あらゆる種類の残酷さと憎しみに対する、深い反感に由来するものです……〉(12)

アドルフ・ヒトラー（1889〜1945）が国家社会主義ドイツ労働者党（ナチス）の党首に就任したのは、1921年7月のことだった。反ヴェルサイユ体制、反デモクラシー、そして反ユダヤ主義をかかげたナチスは、第1次世界大戦敗北の責任をユダヤ人と平和主義者の裏切りに押しつけ、シオニズムや平和主義をとなえる者は誰であろうと許すべからざる敵とみなした。一般相対性理論の成功によって世界に名声を博したアインシュタインは、ユダヤ人であると同時に平和主義者でもあったため、徹底した攻撃をうけることになった。

ベルリンでは相対性理論を認めない学者たちが徒党をくみ、大規模な反対運動を展開した（アインシュタインはこれを「反相対性株式会社」とよんだ）。パウル・ヴェイラント（18

88〜1972）という経歴不詳の人物を指導者とするこの団体は出所不明の多額の資金をもっており（一説に、ヘンリー・フォードが資金を提供したという）、相対性理論に否定的な見解をのべる人びとに報酬をあたえた。100人の学者が名をつらねる反対論文集を見たアインシュタインは、もし私の理論がちがっているとしたら一人の著者で充分でしょう、ともらしたという。こうした反アインシュタインの運動は、ノーベル賞物理学者フィリップ・レーナルトがその先頭に立つにいたって、ますます勢いづく。かつてはアインシュタインを「深遠な思想家」とよんで畏敬していたレーナルトは、敗戦を境に強硬な民族主義者となって相対性理論を攻撃しはじめたのだ。かれはヒトラーと結びつき、1924年にナチス党員になった。

アインシュタインの理論が世界的な成功をおさめていることが、レーナルトには我慢ならなかったのだろう。アインシュタインときたら物理学者のくせに実験もしないし（他人の実験結果を利用して優れた論文を書くのだ）、かれのとなえる相対性理論は世にも奇妙な帰結をもたらす（健全な物理学の常識に反するものだ）。そのうえかれはユダヤ人であり、おまけに平和主義者ときている。腹立たしいことに、アインシュタインが発見したエネルギーと質量の等価則《$E=mc^2$》は、原子核の問題を考える際には常に考慮されるべき基本的な関係であり、これなくしてはどんな議論もなり立たない。そこでレーナルト一派は、この法則がアインシュタイン以前に、オーストリアの物理学者フリッツ・ハーゼンエールによって見いだされていたと主張して、ハーゼンエールの法則とよぶことにした。電流の強さをあらわす単位アンペアは、憎き敵国フランスのアンペールの名にちなむものだが、レーナルトは、自分のいたハイデルベルクの研究所では、この単位をドイツの物理学者ヴィルヘルム・ヴェーバーの名でよぶよう厳命した。

V-2―日本訪問

1919年の日食観測によって一般相対性理論の正しさが実証されると、アインシュタインは一躍、世界的な有名人となった。講演の依頼がたちまち世界各地から舞い込み、こうしてアインシュタインは地球の裏側にまで出掛けていくことになる。1920年6月、ノルウェーへの講演旅行を皮切りに、ヨーロッパやアメリカ、東洋、そして南米の国々にまで足を運んだ。訪問先では、かれはドイツの代表としてより、一人の科学者としてふるまい、妻エルザとともに旅そのものを楽しんだ。科学をこころざす世界の同僚と会うことは、ドイツの重苦しい雰囲気から逃れるまたとない機会でもあった。

日本にアインシュタインを招待しようと最初に提案したのは京都帝国大学の哲学教授・西田幾多郎だった。アインシュタインは、ヨーロッパでは行くさきざきで政治問題にわずらわされたが、はるかに遠い東洋の国、日本ならばそんな現実を忘れて旅を満喫できる、と考えて招待を受けたのではなかったろうか。招聘を取り仕切ったのは、月刊誌「改造」の発行元・改造社である。

1922年（大正11）10月8日、アインシュタイン夫妻はマルセーユから日本郵船の北野丸に乗って日本へ向かい、到着を1週間後にひかえた11月10日、1921年度のノーベル物理学賞がアインシュタインに授与されることが決まった。授賞理由は「理論物理学の諸研究、とくに光電効果の法則の発見」というもので、「アインシュタイン＝相対性理論」という現代人の感覚からすると意外な決定だが、相対性理論がすでに政治的な論争にまきこまれてしまっていたため、スウェーデン王立科学アカデミーが政治色を回避するという意味あいもあったらしい。

北野丸は11月17日、神戸に入港。東京帝国大学の長岡半太郎教授、東北帝国大学の愛知敬一教授、石原純博士、改造社の山本実彦社長夫妻らが出迎えたが、波止場は世界の大物理学者をひとめ見ようとする物見高い人たちであふれかえっていた。到着の夜は京都のミヤコホテルに泊まり、翌日、一行は東京に向かった。

11月19日には慶應義塾大学の大講堂で「特殊および一般相対性理論について」と題する一般講演を行ない、11月25日から12月1日までは東京帝国大学理学部物理学教室で相対性理論について6回にわたり講義した。通訳をつとめた石原純は留学時代にゾンマーフェルトやプランク、そしてアインシュタインの教えを直接うけた現代物理学の第一人者で、前年にアララギ派の歌人・原阿佐緒との恋愛問題をおこし東北帝大を辞職していた。アインシュタインはその後、仙台から名古屋、京都、大阪、神戸と南下して、12月24日に福岡で最後の講演を行なった。各地での歓迎の様子、アインシュタインの若い学生に対するこまやかな心遣い、そこからうかがえる人柄などを、同行した石原はこう語っている。

〈講演のほかに各所の招待や学生からの歓迎会や見物などで毎日のプログラムが充たされました。たくさんのそういう申込みの応答に対して改造社が困り抜いた程でした。それでも教授は出来得る限り多くの好意を承け容れるために、諸所の学生の会合などに出て挨拶をされました。「私の若い友達よ」という言葉で喚びかけながら自分の歓迎を謝し、そして科学の仕事が国際関係を超越した全世界の人間の共同的なものであることを歴史上の例について述べ、学生たちのこれに対する将来の責任を注意してこれを激励せられ、また自分への賞讃に対しては、科学者がその研究の結果に於てたまたま自分が偉大なる業績をもち得ることは単なる僥倖に過ぎないとなし、隠れた多くの功績者のあることを指摘されました。

教授に接したすべての学生たちは、この偉大なる科学者の素朴な態度や暖かみをもった言葉によって、おそらくは教授に対する敬愛の念を深めないものはなかったでありましょう。私はほんとうにかような例をきわめて稀に見ることが出来ると信じます。教授の性格気質は私たち東洋人のこころにそれ程近い親しさを具えていたのです。たとえ教授の講演を理解し得ないものでも、その性格を通じて真摯なる科学への一路を望見し得たであろうことは、け

だし私たちの異常なる幸であったことと思います〉[11]

門司のＹＭＣＡではヴァイオリンで『アヴェマリア』を演奏し、また歌舞伎や能楽、雅楽、義太夫、謡曲といった日本の伝統芸能を楽しむ機会もあった。西洋音楽とはまるで異質な日本の伝統音楽は、かれの鋭い音楽的感性をゆさぶったらしい。日本音楽は、西洋音楽の特質ともいうべき音のハーモニーと楽曲の構造的な秩序に欠けるが、その反面、人間の肉声、鳥のさえずり、海の波の響きのように、人間の心に残る感情が表現されており、そして、主役を演ずる打楽器の繊細なリズム、金属楽器に代わって木製の笛がかもしだすやわらかい音色に、ある種の抒情画的雰囲気を感じる、とアインシュタインは語っている。かれはまた、講演の合間をぬって、松島、中禅寺湖、琵琶湖、京都、奈良、宮島、壇の浦、関門海峡などの名所を訪れた。40日あまりの異国体験を終えて、アインシュタインは日本人にこんなメッセージを残した。

〈確かに日本人は西洋の精神的産物に驚き、そして効果をもって、また大きな理想主義をもって科学に沈潜しています。けれどもそういう場合に、彼が西洋以前にもとからもっていた大きな財宝、即ち生活の芸術化、個人的欲求に於ける質朴さと簡素さ、そしてまた日本的精神の純粋さと平静さ、それらをすべて純粋に保存することをどうぞ忘れてくださいますな〉[11]

暮れも押しせまった12月29日、アインシュタインは、多くの人びとに見送られ日本をあとにした。帰途、パレスチナおよびスペインに立ち寄り、ベルリンに戻ったのは１９２３年の春だった。

V―3 統一場の理論

公務や講演旅行の合間をぬって、アインシュタインは精力的に仕事を進めていった。このころのアインシュタインの頭を占めていたのは、当時知られていた2種類の基本的な力、重力と電磁力をひとつの理論のなかで結びつけるという野心に満ちた構想であった。

重力をあつかう一般相対性理論では、時空は4次元のリーマン空間であらわされ、10個の計量テンソル《$g_{\mu\nu}$》が重力場の性質を記述すると考える。つまり時空の〝幾何学的な〟構造が重力場そのものに対応しており、重力場の方程式は4次元リーマン空間の曲率（曲がりぐあい）に関する方程式となる。こうして重力場は、完全に時空の幾何学として記述されることになった。

いっぽう電磁場は四つの物理量（3成分をもつベクトルポテンシャルと1成分のスカラーポテンシャル）であらわされるが、それは空間の構造そのものとはなんら関係がないものと考えられている。言葉をかえれば、重力場とはちがって、電磁場は幾何学化されていないのだ。

この電磁場を、なんとか時空の構造として記述することはできないものか。1915年に一般相対性理論が発表されて以来、理論物理学者や数学者たちは、重力ばかりでなく電磁力をも取りこんだ新しい時空の理論を作りたいという希望をもつようになっていた。自然界に存在する2種類の力の場、「重力場」と「電磁場」の両方を記述する「統一場の理論」が構築できれば、それは理想的な基本理論となるにちがいない。こうして、アインシュタインをはじめ多くの理論物理学者が統一場理論の研究に取り組むこととなった。その試みは二つに大別される。

(1)時空間は4次元のままで、リーマン幾何学を拡張する。
(2)時空間を5次元に拡張し、そこで相対性理論を構築する。幾何学はリーマン幾何学。

1918年には、ヘルマン・ワイル（1885〜1955）が、(1)の方法論にしたがって、リーマン幾何学を拡張しつつ統一場理論の建設を試みた。ワイルの統一場理論には一般座標変換と電磁場に対するゲージ変換が独立に導入されており、真の統一場理論にはならなかったが、しかしかれの提唱した「ゲージ理論」はその後の物理学にきわめて大きな影響をあたえることになった。詳しくは次章で論じるが、この理論について少しだけ説明をしておこう。

たびたびのべてきたように、重力場の方程式は一般座標変換に対して数学的に不変であり、このことが重力理論の普遍性を保証していた。電磁場の基本方程式もまた同じような不変性を保つ必要があることはいうまでもない。電磁場に固有の変換を「ゲージ変換」とよぶ。ゲージという術語はワイルが導入したもので、「ものさしの規準」を意味している。ゲージ理論の立場では、電荷を測るための「全時空で共通のものさし」は存在せず、ものさしの規準は時空の各点ごとに異なっている。その「場所によるものさしの規準の変化」を記述するのがゲージ場で、2種類の基本的な物理量、ベクトルポテンシャル$\boldsymbol{A}$とスカラーポテンシャルϕ《ファイ》であらわす。電場および磁場は、この$\boldsymbol{A}$とϕの関数として記述され（$\boldsymbol{A}$とϕを電磁ポテンシャルとよぶ）、ゲージ変換とは$\boldsymbol{A}$とϕの尺度（ゲージ）を変えることに相当する。電磁場の方程式は、ゲージ変換に対して不変である。

　電磁相互作用は、力の源泉となる電荷のまわりに電磁場ができて、その電磁場の変化が光速で伝わっていくというイメージで理解されるが、このようにある場所から隣接する場所へ、力が時間をかけて徐々に伝播していくとする考え方を「近接作用論」とよぶ。いっぽうニュートン力学は、二つの物体がどれほど遠く離れていても万有引力は瞬時に伝わるという「遠達作用論」の立場にたつ。いずれが正しいか、何世紀にもわたり議論がつづけられたが、特殊相対性理論によって、光速が「物理的な作用の伝わる最大速度」であることが明らかになり、近接作用論に軍配があがった。一般相対性理論では、重力は、質量（正確にはエネルギー・運動量）がそのまわりに重力場を作り、それが周囲に広がっていくことで生成・

伝播すると考えられる。力がどのように伝えられるかという問題を取りあつかううえで、「ゲージ理論」はきわめて大きな威力を発揮することが、やがてわかってくる。重力や電磁力だけでなく、原子核内にはたらく「強い力」と「弱い力」もふくめ、自然界に存在する四つの力はいずれもゲージ理論で記述できることが、1970年代になって明らかになったのだ。それについては次章でふれる。

1920年代の統一場理論にもどろう。

ワイルの理論に対抗する(2)の試みは、1921年、テオドール・カルーツァ（1885～1954）によって提案された。それは5次元リーマン空間を用いて統一場を記述しようという着想であり、オスカー・クライン（1894～1977）によりさらに詳しく研究されていったので、「カルーツァ＝クラインの統一場理論」とよばれている。

一般相対性理論は4次元時空の幾何学として重力を記述するが、この四つの次元だけでは電磁力を統一的にあつかうことはできない。そこでカルーツァ＝クライン理論ではもうひとつ次元をつけ加え、電磁力を第5番目の次元としてあつかう。空間の構造は（重力場だけによって決まるのではなく）重力場と電磁場の両方によって決まり、こうして重力・電磁力をとりこんだ5次元の時空の幾何学を構築しようという試みである。

アインシュタインは生涯の後半を統一場理論の研究に捧げ、いくつかのタイプの理論の建設を試みた。しかし、かれの情熱にもかかわらず、期待する成果はえられなかった。最晩年にいたるまで探究をつづけ、多くの論文を残したが、それらはきわめて形式的な考察から見いだされた数学的な作品にすぎないもので、実験との比較ができるほど十分に練りあげられたものではなかった。相対性理論には賞賛を惜しまなかった同時代の物理学者も、統一場の理論については冷淡で、なかには嘲笑する者すらいた。神が二つにわけたもの（重力と電磁力）を、誰もひとつにするべきではない、というヴォルフガング・パウリの批判が、当時の物理学界の反応をもっとも端的にあらわしている。しかし、まちがっていたのは、パウリのほうだった。

詳しくは次章でのべるが、一言でいえば、アインシュタインは時代を先取りしすぎたのだ。その後の研究史をたどると、力の統一的な理解は、重力や電磁力のようなマクロの世界の力ではなく、ミクロの世界を記述する量子力学において、まず展開された。アインシュタインが統一場理論に没頭していた１９３０年代というと、電磁力の量子力学がようやく確立したばかりのころである。ミクロの世界の統一理論を構築するためには、重力や電磁力以外の力（「弱い力」と「強い力」）が解明されねばならなかったし、それにはさらに30年以上の歳月が必要だった。ましてや、アインシュタインがもっとも関心を寄せた重力は、他の力にはない特異な性質をもつため取りあつかいがむずかしく、重力の量子力学の構築は、今日にいたるまで成功していないのだ。

V－4　カプート村のアインシュタイン

アインシュタインがプロイセン科学アカデミーの紀要に「統一場の理論について」を発表した1929年は、かれにとって50歳の節目の年にあたる。人びとは、アインシュタインが統一場理論なるものの研究に没頭していることを知っており、とてつもない新理論が発表されるのではないかと期待した。3月14日の誕生日が近づくと、かれのもとにはヨット（友人たちが共同で贈った）から煙草まで、世界じゅうから贈り物が寄せられ、16年間にわたって住みつづけたベルリンの市当局は、ハーフェル河のほとりの小別荘を〝誕生日のプレゼント〟にすることを決議した。市民たちもこのプランを歓迎し、新聞や雑誌は美しいアインシュタイン荘を写真入りで報道したのだが、アインシュタイン夫妻がこの別荘を検分に行ってみると、驚いたことにそこにはすでに人が住んでいた。市は建物の所有権だけを譲り受け、居住権は以前からの住人に認めたことを失念していたのだった。当局は不手際を謝罪し、さっそく代案を用意したが、これまた（そして、さらにその代替案も）実現できないことが明らかになって、すっかり面目を失った。

けっきょくアインシュタインに気に入った売地を選んでもらい、市がその土地を買い上げて贈呈する段どりとなって、夫妻はポツダムに近いカプート村に美しい場所を見つけたのだが、しかしこの一件があらためて市の参事会に提案されると、思わぬ事態がおこった。国粋主義者たちが、はたしてアインシュタインがこのような贈り物を受けるに値するかどうか議論しはじめ、議案はつぎの会期までもちこされてしまったのだ。あきれはてたアインシュタインは市の申し出を辞退し、カプート村のお気に入りの土地を自分で購入して自らの費用で家を建てた。

そんな思わしくない経緯があったにせよ、アインシュタインは静かな村の美しい別荘での、しばしの安らぎを手にいれることができた。ベルリンとはちがって、ここには電話の呼び出しもなければ、うんざりする訪問客もいない。50歳代をむかえたアインシュタインは、ヨット遊びや裏山でのきのこ狩りをゆったりと楽しんだ。別荘の来客名簿には、マックス・フォン・ラウエをはじめとする友人たち、インドの哲学者タゴールや化学者ハイム・ヴァイツマン（のち初代イスラエル大統領）といった賓客の名前が残されている。

同じ1929年の6月28日、ドイツ物理学会はマックス・プランクの学位授与50周年を記念して、物理学で卓越した業績をあげた研究者に「マックス・プランク・メダル」を贈ることを決議した。記念すべき最初の受賞者は、プランク自身とアインシュタインであった。プランクにとっても、それは嬉しいことだったろう。アインシュタインをいち早く評価し、ドイツの物理学界の中央に引っ張り上げたのは、ほかならぬプランクだったのだ。プランクはアインシュタインをこう評価する。

〈アインシュタインによる時間概念の新しい解釈は、物理学者に最も必要とされる想像力と抽象的思考の最高のものであることは言うまでもない。この大胆な考えは、これまで思弁的自然科学が成し遂げたすべてのものより卓越している〉(18)

いっぽうのアインシュタインはこう語る。

〈私がプランクとより親密になった頃、彼は既に50歳になっておりましたが、上品で思慮深い感覚的な人で人間的な付き合いの中でも非常に控えめな人でした。私は彼がこれほどまでに誠実で親切な人とは知りませんでした。プランクは、自分に対して愉快でないことでも自分が正しいと思うことには常に全力を尽くすのです。彼は、彼の国家と彼の排他的階級との関係の中で強力な伝統主義者でしたが、彼とは程遠い私の信念を喜んで受け入れ、常に価値を認めようとしました(18)〉

物理学における二人の巨星は、個性、家柄、政治的見解は大きくちがっていたが、おたがいに深い尊敬の念を抱いていた。しかしドイツの物理学者がすべて、プランクのような寛容な精神を持ちあわせていたわけではなかった。

1930年から翌年にかけての冬を、アインシュタインはカリフォルニアですごす。パサデナにあるカリフォルニア工科大学からの招きに応じたもので、同大学の物理学研究所長ロバート・ミリカン（1868～1953）は、学生時代はマイケルソンの指導を受け、1916年には光電効果におけるアインシュタインの理論的予測を実験で確認したという経歴の持ち主だった。ニューヨークから海路、パナマ運河経由で西海岸に上陸したアインシュタインは、ハリウッドでは映画『西部戦線異状なし』（ドイツでは上映禁止となった）を鑑賞し、大学の冬季セミナーではカリフォルニアの理論物理学者たちと相対性理論をめぐって充実した議論を行なうことができた。翌年、翌々年もまた、アインシュタインは、暖かい人びとと敬愛すべき科学者の大勢いるこの太陽の国で冬をすごすため、カリフォルニアを訪れた。

＊

第1次世界大戦がはじまる1914年まで、ドイツは世界の科学の最先端を走っていた。カリフォルニア工科大学のミリカンも大学卒業後はベルリンとゲッティンゲンに留学しているが、それは科学をこころざす当時のアメリカの若者にとって、ごくあたりまえのルートだった。しかし第1次世界大戦はドイツの経済力だけでなく、科学力をも疲弊させ、その影響はアメリカの科学者の卵たちにもおよんだのだ。こうした状況をふまえ、アメリカの教育家エイブラハム・フレックスナー博士は、若い学者が能力を伸ばせるよう、黄金時代のドイツの大学にも匹敵する最先端の研究機関を国内につくるべきだと説いて、高等研究所(Institute for Advanced Study)の設立計画を進めていた。世界から偉大な頭脳を集め、研究のみに専心するというスーパー大学である。

その主旨に深い感銘を受けたニュージャージーの百貨店王ルイス・バンバーガーとその妹

キャロライン（フェリックス・フルド夫人）は、高等研究所の設立のために私財500万ドルを寄付したいと申しでた。こうして1930年10月10日に開かれた評議会でフレックスナー博士の案は承認され、ニュージャージー州プリンストンに高等研究所が設立されることに決定した。つぎの目標は、高等研究所にふさわしい一流の教授と研究員を選ぶことである。フレックスナー博士は、アメリカとヨーロッパを旅行し、多くの学者たちの意見を聞いた。

1932年のはじめ、ちょうどアインシュタインが客員教授としてパサデナに滞在しているとき、フレックスナーはカリフォルニア工科大学を訪れた。博士は、ミリカンをはじめとする科学者たちと高等研究所の計画について議論をしたが、さすがに敷居が高かったのか、アインシュタインに会うことは差し控えた。しかし教授のひとりから、アインシュタインは話を聞くのを喜ぶでしょうと勧められ、急遽、面会が実現した。二人は1時間ほど話をしたあと、初夏にアインシュタインが講義をする予定になっているオクスフォードで再会する約束をしてわかれた。

オクスフォードでのフレックスナーとアインシュタインの会見は、クライスト・チャーチ・カレッジの芝生の上で行なわれた。二人は高等研究所について話しあい、フレックスナーはそのときはじめて、アインシュタインを高等研究所に招聘したいとつげた。その夏の終わり、フレックスナーはアインシュタインをベルリンの家に訪れ、夕食をともにし、夜おそくまで語りあった。フレックスナーは、アインシュタインがアメリカへ来る決意を固めつつあるというたしかな手応えを感じとっていた。

Ⅴ－5　ヒトラーの台頭

1930年代に入ると、ドイツの政治情勢はいよいよ悪化していく。アインシュタインが2度目の西海岸滞在からベルリンに帰った直後の1932年3月、大統領選挙が行なわれたが過半数を獲得した候補者がなく、勝敗は4月の決選投票にもちこされた。候補者のひとりは、第1次世界大戦で活躍し1925年から現職にあったパウル・フォン・ヒンデンブルク（1847～1934）、もうひとりは国家社会主義ドイツ労働者党の指導者アドルフ・ヒトラーだった。ナチスは、1928年にはわずか12議席の群小政党だったが、2年後には100議席以上を獲得して第二党となり、1932年には第一党にのしあがった。4月の決選投票ではヒンデンブルクの勝利に終わったものの、かれが組織した内閣は、いずれもナチスの議会勢力の抵抗にあって長続きせず、ついに1933年1月、ヒンデンブルクは政敵ヒトラーを首相に任命することになる。

政権の座についたヒトラーは、ワイマール共和制をくつがえし、中央集権を強化していく。ナチスはあらゆるものを政治の視点から判断し、思想統制を断行した。かれらにとっては経済も芸術も科学も、政治に従属すべき下位の存在にすぎず、それゆえ権力に楯つく芸術家や科学者はとりわけ目の敵にされた。そして、すべての努力はドイツ国民とゲルマン民族とに奉仕するためにあるというドイツ民族主義をかかげ、反ナチスの思想家やユダヤ人の排斥をすすめていった。ドイツ民族主義の立場からみれば、大学において若者を指導する資格をもつのは、ゲルマン民族（もしくはアーリア人とよばれた人びと）にかぎられ、それ以外は大学から追放されるべき存在であった。当然、ユダヤ人であるアインシュタインにも攻撃の手がのびた。

非難の第一歩は、アインシュタインの理論はひじょうにユダヤ的であるという批判からはじまった。理論がユダヤ的であるというのは、その理論が直接に観測しうる事柄とはきわめて長い推論の鎖で結ばれていること、つまり観測的事実から短絡的にみちびける理論ではなく、しかもその結論は技術的な応用に直接つながらない、ということを意味するらしい。たしかにそれは相対性理論にはあてはまる性質ではあるけれど、そんな理由で自然科学の理論を葬りさることができると本気で考えた人びとが当時のドイツには大勢いたのだからおそろしい。

ユダヤ人追放運動は、アインシュタインがアメリカに滞在しているあいだにも、どんどんエスカレートしていった。ドイツ国内でおこったさまざまな事件について、アメリカの新聞記者にコメントを求められると、アインシュタインは、表現の自由の存在しない国、そして人種的・宗教的な偏見があるような国には住みたいと思わない、と答えるのがつねだった。

いっぽうドイツ国内では多くの新聞が、アインシュタインは国外で反ドイツ的な活動をしていると非難を浴びせかけ、ドイツのアカデミーまでがアインシュタインを攻撃する声明を発表した。町なかでは、ユダヤ人の経営する店の壁に「ユダヤ人よ、ここではドイツ人は買わない」といった文言が大書され、住民たちが厳重に取り調べられるなど、ユダヤ人に対する攻撃は日に日に激しさを増した。

そんな情況のなかでアインシュタインは、ユダヤ人としての自らの運命を、より強く意識するようになっていったのだろう。1931年5月24日のロンドンの「サンデー・エクスプレス」紙には、アインシュタインの〈わたしはユダヤ人である。そしてそのことに誇りをもっている!〉[18]とのコメントが掲載された。かれは、ユダヤ人のためにさまざまな援助を惜しまなかった。ユダヤ人国家の建設に力を貸し、ナチスによって亡命を余儀なくされたユダヤ人の身元引受人となり、ユダヤ難民を救うためヴァイオリン・コンサートをひらいて資金を調達するなど、その貢献は枚挙にいとまがない。それはまさしく現代のモーゼであった。

アインシュタインが1932年から1933年にかけての冬をパサデナで過ごしているあいだに、ナチスのアインシュタインに対する態度はさらにエスカレートしたものになった。1933年3月11日、カリフォルニアを出発するにあたりアインシュタインは「私は家へは帰りません」と公表し、同月20日には政治警察がカプートの別荘を家宅捜査した。警察の言い分は、武器が隠されているというもので、最終的には別荘も銀行口座も、すべての資産が没収されてしまった。

　1933年5月10日には、ベルリンで悪名たかい焚書事件がおきた。若いナチス党員や学生たちが集まり、膨大な量の〝非ドイツ的〟な書物が燃やされた。そこにはアインシュタインはもちろん、トーマス・マン、ジークムント・フロイト、アンドレ・ジイド、エミール・ゾラ、マルセル・プルースト、レーニン、カール・マルクスなどの著作がふくまれていた。集会にはナチス党員ばかりでなく一般市民も参加しており、音楽隊の演奏に合わせて、一晩に2万冊もの書物が灰となった。ナチス宣伝相ゲッベルスは上機嫌で「ユダヤの主知主義は死んだ」と宣言した。

V－6｜プリンストンでの生活

　1933年の3月末、アインシュタインはアメリカからヨーロッパへ帰ってきたが、ドイツには戻らなかった。帰国すれば逮捕され暗殺されるおそれがあると、ドイツの友人たちに忠告されていたからだ。ベルギーに上陸したアインシュタインは、すぐさまプロイセン科学アカデミーに辞表を提出した。アカデミー内でかれを追放する動きが進んでいる、そんな不名誉な目にあう前に辞任をしてほしい、とプランクが依頼してきたのだった。機先を制された恰好のアカデミー会長ベルンハルト・ルスト（ナチスの大臣でもあった）はアインシュタインの弾劾を要求し、これに対して旧友ラウエは会議を招集してルスト案を否決しようとしたけれど、出席14人中2人の支持をえられただけだった。

アインシュタインはオステンドに近い海水浴場ル・コック・シュル・メールの別荘に落ちついた。ベルギーには、宇宙膨張論で名を知られる友人アッベ・ジョルジュ・ルメートル（1894〜1966）がいたし、エリザベート王妃とも親しく手紙をとりかわす間柄だった。

そのころ、アインシュタインの首には高額の賞金がかけられているという噂が流れていた。報奨金は5000ドルと聞いても、本人は、私にそんな価値があるとは知らなかったと笑いとばしただけだったが、妻エルザをはじめ周囲は大いに心配した。ベルギー政府は二人の護衛を配置し、近隣の住民には絶対にアインシュタインの居場所を教えないよう厳命したが、それでも別荘には多くの人間がやってきた。のちにアインシュタイン伝を書いた物理学者フィリップ・フランクは別荘にたどりついたとたん屈強な護衛に取りおさえられ、エルザが彼の顔を思い出すまで、放してもらえなかった。

アインシュタインのほかにも、多くの学者がドイツを追われ亡命先を探していた。イギリスでは、こうした受難の科学者たちを受け入れ研究の機会をあたえようという気運が高まり、〝核物理学の父〟アーネスト・ラザフォード（1871〜1937。1908年のノーベル化学賞を受賞）らが中心となって、ロンドンに学者援助会議を組織した。1933年10

月3日、その大集会がロイヤル・アルバート・ホールで開かれ、ロンドン滞在中のアインシュタインも追放被害者の代表として出席し、講演を行なった。

ベルリンに残っていた妻エルザの娘たち、そしてアインシュタインの助手も、かろうじてドイツを脱出し、ベルギーで落ち合うことができた。もはや進むべき道はひとつしかない。アメリカ合衆国に永住し、自由に研究をつづけたい……。10月7日、アインシュタインは家族とともにサザンプトンからウェスターラント号でニューヨークへむけ出航した。アインシュタインは54歳になっていた。

ドイツにおける波瀾万丈の生活に終止符を打ち、新天地アメリカでの生活がはじまった。メディアに追いまわされ、面会者や会食の招待がひきもきらなかったが、アインシュタインの科学的な探究心が弱まることはなかった。プリンストンでの研究は、特殊相対性理論（1905年）、一般相対性理論（1915年）、統一場理論（1929年）というこれまでの研究をふり返りながら、さらに考察を深めることであった。

大きな成果をあげたのは、一般相対性理論における運動方程式の研究だ。

くりかえしになるが、一般相対性理論によれば、質量はそのまわりに重力場を発生させ、それは時空をゆがめる。つまり重力の理論は、時空の幾何学としての首尾一貫した理論体系のなかで、重力場の方程式（アインシュタイン方程式）に集約されている。ニュートン力学では、粒子の運動は運動方程式によってあたえられていた。運動を開始するときの条件（初めの位置と速度）がわかれば、ニュートンの運動方程式は時々刻々と位置を変える質点（質量はもつが大きさのない仮想的な物体）の空間座標を時間の関数としてあらわすことができる。ニュートン理論が一般相対性理論にとって代わられた以上、質点の運動も、ゆがんだ4次元時空のなかの運動として記述されるべきだろう。粒子の質量はその点における重力の場と考えることができるから、粒子の運動とは重力場の変化にほかならない。とするならば、粒子の運動方程式は（重力場の変化を記述する）場の方程式にふくまれているはずだ、とアインシュタインは考えた。

１９３６年9月、ポーランドからレオポルト・インフェルト（１８９８〜１９６８）が高等研究所にやってきた。アインシュタインは20歳も年下のこの物理学者と協力して、長年とりくんできた研究を完成させることができた。１９１５年に発表した「重力場の方程式」のなかに運動方程式がふくまれていることがついに証明できたのだ。〈それはちょうど、地中に深くかくされている宝物を掘りだすのとおなじことであった〉[16]とインフェルトは語っている。

仕事のあいまに二人はしばしば物理学の基本的な問題について語りあい、その内容をインフェルトが一冊の書物にまとめた。かれらの共著『*The Evolution of Physics*（物理学の進化）』（１９３８）は、物理の基本的な問題をわかりやすく大衆に解説した書物として世界的なベストセラーになり、経済的な問題をかかえていたインフェルトを大いに助けた（日本では石原純による邦訳『物理学はいかに創られたか』が1939年に刊行され、現在も版を重ねている)。

プリンストンにおけるもうひとつの研究は、一般相対性理論の発表直後からベルリンで取りくんでいた課題、統一場の理論を発展させることであった。アインシュタインはいつも、数学者や数理物理学者と協力して研究してきたが、そのスタイルはプリンストン高等研究所でも変わらなかった。研究所に在籍していたピーター・ベルクマンとヴァレンタイン・バルクマンという二人の若手研究者の協力をえて、アインシュタインは統一場の研究をすすめ、1938年にはP・ベルクマンと共著で「カルーツァの電磁場の拡張」と題した論文を、1944年にはV・バルクマンとともに「双ベクトル場」という論文を発表し、また1941年には3人の共著で「電磁場の5次元表現」を公表した。

1936年2月28日、ドイツ帝国議会は、アインシュタインのドイツ国籍を剥奪したことを文書で正式に通告した。アインシュタインがアメリカの市民権を取得したのは1940年10月1日だった。

V－7 核エネルギーの解放

アインシュタインが1905年に発表した質量とエネルギーの等価性《$E=mc^2$》は、原子核物理学の研究が進むにつれ、ひじょうに重要な意味をもつことがわかってきた。

　ウラニウムは原子番号92の重い元素で、その原子核は92個の陽子と、１４１個から１４６個の中性子からなる。中性子の数が異なるものを同位元素とよび、いずれもウラニウムであることには変わりがないが、性質はそれぞれ異なる。陽子と中性子を加えた数を質量数といい、原子記号とこの数値とを組みあわせて特定の元素の同位体をあらわす。ウラニウムでいえば質量２３８のウラン２３８（^{238}U）をはじめとして多数の同位元素がある。

　このような重い原子核は不安定で、中性子などを吸収すると、中くらいの重さの2個の核種に分裂する。この核分裂の現象は、１９３８年にドイツのオットー・ハーン（１８７９〜１９６８）と同僚フリッツ・シュトラスマン（１９０２〜１９８０）によって発見され、この業績によりハーンは１９４４年のノーベル化学賞を受けた。１９３９年1月に発表した論文のなかでハーンとシュトラスマンは、核分裂に際しては莫大なエネルギーが発生し、それは将来的には工業エネルギー源として利用できる可能性があることを指摘した。フランスのフレデリック・ジョリオ＝キュリー（１９００〜１９５８）はさっそく実験を行ない、ウランの核分裂で中性子が放出されることを確認した。

　ウラン２３５（^{235}U）は、低エネルギー中性子（n）の照射により核分裂をおこし、このとき2個の中性子が同時に放出される。分裂によりA、Bふたつの核種が生まれたとすると、核分裂反応はつぎのように書ける。

n＋^{235}U　→　A＋B＋2n（＋エネルギー）

この反応では、核分裂後の総質量（原子核A、Bの質量、および中性子2個の質量の和）は、核分裂前の総質量（U235および中性子1個の質量の和）より、ごくわずかだが軽くなり、そのわずかな「質量欠損」が、エネルギーとなって解放される。

重要なのは、新たに中性子が2個放出されることで、この中性子をべつのウラン235原子核に再吸収させることができれば、核分裂はつぎつぎと連鎖的におこり、その結果すさまじい量のエネルギーが解放されることになる。なにしろ質量欠損と放出エネルギーとの量的関係は、アインシュタインの式《$E=mc^2$》によって決まり、たとえば1グラムのウラン235からは約200億カロリー、すなわち石炭3トン分に相当する巨大なエネルギーが生み出されるのだ。じゅうぶんな量のウラン235が連鎖反応をおこせば、大量のエネルギーが瞬間的に放出される。通常の爆弾の何百万倍も強力な破壊力をもつウラン爆弾（原子爆弾）を作る可能性がでてきたわけだが、しかしそんな物騒な爆弾をヒトラーが手にしたら、いったいなにがおこるだろう。

その危険性を、当時の物理学界で誰よりも切実に恐れたのは、レオ・シラード（1898～1964）だった。シラードはハンガリー生まれのユダヤ人で、ベルリン大学のラウエのもとで学位をとり、アインシュタインと共同で冷蔵システムの特許をとったこともある、ちょっと変わった科学者だ。「他人より1日早く」をモットーとした先読みの名人で、1933年3月には国境警備が強化される直前にドイツから脱出してイギリスに亡命し、ヨーロッパ大戦が勃発する前年の1938年1月にはアメリカへ渡っていた。1939年1月、ハーンの核分裂発見のニュースを聞いたシラードは、連鎖反応に関する情報は封印すべきだと考えた。ニューヨークのコロンビア大学にいたエンリコ・フェルミ（1901〜1954）に面会し、またジョリオ＝キュリーには手紙を送って、核分裂に関する研究発表はしばらく控えるのが賢明だと訴えた。この分野の研究では、シラード自身を除けば、この二人が最も先行していると考えたのだ。

フランスのジョリオ＝キュリーは、マリー・キュリーの娘イレーヌの夫で、「人工放射性元素の研究」により1935年のノーベル化学賞を夫妻そろって受賞した。イタリアのフェルミは、中性子の照射により各種の人工的な放射性同位元素を作りだすことに成功し、1938年のノーベル物理学賞を受賞したが、ファシズム反対の立場をとり、また妻がユダヤ人であったため、授与式のあったストックホルムからイタリアへ戻れなくなって、アメリカに亡命した。フェルミもジョリオ＝キュリーも研究成果は発表すべしとの立場で、口どめを徹底させようとしたシラードの試みは失敗に終わる。結局シラードは、フェルミおよびハーバート・アンダーソンと協力して連鎖反応の研究をすすめ、「ウラニウムにおける、中性子の生成と吸収」と題した論文を書きあげ、1939年8月1日号の「フィジカル・レヴュー」誌に発表することにした。

連鎖反応に関する情報を封印することはできなかったけれど、ことは国防に関わる重大問題だ。アメリカの軍当局は原子爆弾に関する情報をいちはやく入手し、じゅうぶんに理解したうえで対応策を講じるべきだろう、とシラードは考えた。この問題の重要性を政府に納得させ、国家的な意思決定をはかるためには、誰もが知っている有名な人物から、なるべく高い地位にいる政府高官にはたらきかける必要がある。

V－8―ルーズヴェルトへの進言

1939年7月半ば、シラードは、プリンストン大学で教鞭をとっていた物理学者ユージン・ウィグナー（1902〜1995）とともに、アインシュタインを訪ねた。ウィグナーもハンガリー生まれの亡命科学者で、原子爆弾問題についてのシラードの相談相手の一人だった。二人は、ニューヨークから150キロほど東北東に離れたロングアイランドのナッソー岬で休暇を過ごしていたアインシュタインに面会し、考えをうちあけた。シラードによれば、アインシュタインが連鎖反応の可能性を耳にしたのはこれが最初だったが、その意味するところをただちに理解し、協力を約束したという。シラードとウィグナーが考えていたのは、ナチスのウラニウム研究を阻止することだった。当時、良質のウラニウムを産出していたのはコンゴであり、その宗主国ベルギーのエリザベート女王とアインシュタインは親交がある。女王に書簡を送り、ウラニウム鉱石をナチスの手に渡さないよう頼んでもらおうと、シラードたちはもくろんだのだった。さすがに女王あてに手紙を書くのは気が進まなかったのか、アインシュタインは旧知のベルギーの閣僚あての手紙を口述し、草稿がつくられた。

ニューヨークに戻ったシラードは、レーマン・コーポレーションの副社長をつとめていた経済学者アレクサンダー・ザックスに面会する。原子爆弾の問題を政府に効果的にはたらきかけるため、シラードはつてをたどってさまざまな人物と接触していたのだ。ザックスは、この問題をきわめて重要なものととらえ、大統領フランクリン・ルーズヴェルト（1882～1945）に直訴するよう忠告した。ザックスは1932年の大統領選以来、ルーズヴェルトの私的なアドヴァイザーをつとめており、ホワイトハウスにもパイプをもっていた。

政府の役人は、相対性理論ということばは聞いたことがあっても、その内容について理解しているはずはない。それは物理学者たちが象牙の塔のなかで取り組んでいる理論であり、実用とはまるで無縁な抽象論だと考えるのがせいぜいだろう。そんな人びとに原子爆弾の原理や実現の可能性を説明し、理解させることはきわめてむずかしい。ましてや原子爆弾の研究開発には、多額の資金と、これまでにない規模の研究体制を整える必要がある。アインシュタインからルーズヴェルトに直接、書簡を書いてもらうべきだとザックスは主張し、シラードもそれに同意した。

シラードは方針変更の書簡をアインシュタインに送り、7月30日に、こんどは物理学者エドワード・テラー（かれもハンガリー生まれの亡命科学者）とともにナッソー岬を訪れた。ナチスの非人道的なやり方を身をもって知るアインシュタインは、シラードたちの要求を受け入れ、その場で草案が練られた。シラードはザックスと協議してこれに加筆し、長短2ヴァージョンの〝大統領への手紙〟をつくり、アインシュタインに送付した。長いほうがいいと思う、とのメモを添えて、アインシュタインは2通ともに署名して返送した。

合衆国大統領F・D・ルーズヴェルト宛てのアインシュタイン書簡は、1939年8月2日付で、発信地はロングアイランドのナッソー岬になっている。書きだしはこんなぐあいだ。

〈E・フェルミとL・シラードが最近行なった研究が原稿のまま私の所へ送られてきましたが、これは私に、近い将来ウラン元素が新しく、かつ重要なエネルギー源になるかもしれないとの期待を抱かせるものです。新しく生じたこの事態のある側面は、注意深くその推移を見守るべきもので、また必要となれば政府側が敏速な行動を起こすべきものと思えます。それ故、閣下に以下に述べる事実および勧告に関心を持っていただくことが私の務めだと信じます〉(49)

これにつづいて書簡には、ジョリオ＝キュリーおよび、フェルミとシラードの研究から連鎖反応の実現が有望になったこと、それは新しい爆弾――わずか一発で、港湾とその周辺地域をそっくり破壊しつくすほど強力な原子爆弾――の製造にも通じること、その爆弾は船では運ぶことはできても飛行機で運ぶには重すぎるかもしれないこと、をのべている。

〈合衆国ではウランは最貧鉱がいくらか産出するだけです。カナダや以前のチェコスロバキアには良い鉱石がいくらかありますが、最も重要なウラン産地はベルギー領コンゴです。

このような事態を考えると、政府と、アメリカで連鎖反応に関する研究にたずさわる物理学者たちとの間で何らかの恒常的な接触を持つのが望ましいとお考えになるでしょう。これを実現する一つの可能な方法として、閣下が信頼をおけて、なおかつおそらく非公式な立場で働ける人物にこの仕事を任せるやり方が考えられます。仕事の内容は次に掲げるようなものです。

(a)政府官庁に働きかけて、これから先の技術開発について常に情報を伝え、政府の施策に対する勧告を行ない、合衆国へのウラン鉱石供給を確保する問題に特別な注意を払う。

(b)必要なら資金を提供して、現在、大学の研究室の予算の限度内で行なわれている実験研究のスピード化を図る。その資金は、この事業に対して快く寄付をしてくれる個人との接触を通して、また、おそらく必要な設備を所有している企業研究所の協力を得ることによりまかなう。

私が聞き及ぶところでは、ドイツは接収したチェコスロバキアの鉱山から採掘されるウランの販売を現実に停止しています。ドイツが早々とこのような行動を取るのは、おそらくドイツ国務次官、フォン・ワイツェッカーの子息が、ベルリンにある、カイザー・ウィルヘルム研究所に所属していることにより了解できます。そこではアメリカにおける研究のいくつかが現在追試されています[49]〉

シラードは、アメリカでは特定の大学には所属せず、フリーの科学者として活動していた。そんな無名の亡命科学者が大統領を動かすには、だれかの権威を借りることがどうしても必要だった。アインシュタインは、「権威を毛嫌いしてきた私をこらしめるため、神様は、私自身を権威にしてしまわれた」と語るほどの権威ぎらいであったけれど、権威にはちゃんとした使い道があることを知っていた。ナチスが原子爆弾の研究を進めている可能性があることを大統領に知らせるのは自分たちの義務であると、二人の科学者は考えたのにちがいない。

この書簡について、アインシュタインは戦後、こうのべている。化学者で平和運動家でもあったライナス・ポーリングに語ったもので、ポーリングの記憶によれば１９５４年、かれがノーベル化学賞を受賞する数日前に会ったおりのことだったという。〈私はいままでに一度だけあやまちをおかしたと思う。あの（ＦＤＲに原爆の開発をうながした）手紙に署名したことだ。……だが、ドイツ人が原爆をつくるのではないかと恐れていたのだから、許してもらえるだろう[19]〉

ドイツでも原子爆弾製造の可能性が検討されていたが、1942年ごろには実質的に開発を断念していたようだ。〈もしドイツが原子爆弾の生産に失敗するだろうとわかっていたならば、私は指一本あげることはしなかっただろう[17]〉ともアインシュタインは語っている。

V-9—マンハッタン計画

1939年9月1日、ドイツ軍は大挙してポーランドに侵入した。イギリスとフランスは、ただちに対独宣戦を布告し、ここに第2次世界大戦が勃発した。

アインシュタインの書簡は8月半ばすぎにはザックスのもとに届いていたが、大戦勃発により大統領は公務に忙殺され、ザックスが面会にこぎつけたのはようやく10月11日のことだった。書簡を読んだルーズヴェルトの反応は早く（大統領はザックスにむかい〈きみが求めているのは、ナチスによってわれわれが吹き飛ばされないように手当てをしろ、ということだな[50]〉とのべたという）、さっそく翌12日にはウラニウムに関する大統領諮問委員会（ウラン諮問委員会）を設置し、13日にはアインシュタインに丁重な礼状を書くよう軍事補佐官E・M・ウォトソン少将に指示をだした。つづいて21日に開かれたウラン諮問委員会にはザックスとシラードも出席したが、6000ドルの予算がついただけで、その後も目立った進展はなかった。

年があけた１９４０年の2月ごろ、シラードはプリンストンにアインシュタインを訪ねて善後策を協議し、これをうけて3月7日、アインシュタインはザックス宛てに書簡を送る。「国防問題にとってウラン研究がいかに重要かに触れつつ最近の技術開発に関して」書かれたその手紙を、ザックスは大統領に転送し、こうしてかれらの狙いどおり、核分裂に関する政府内の組織づくりが再開された。特別諮問委員会がふたたび招集され、アインシュタインも出席を求められたが、かれはこれを辞退した。

１９４０年半ばの時点では、科学者のあいだでも、連鎖反応の実現にはまだ多くの研究と実験が必要であるとの意見が大勢をしめていた。また政府内にはこうした科学的なプロジェクトに批判的な空気も強かったが、原子爆弾に関する研究は、米国科学アカデミーの協力をえながらその後も進められていく。アメリカが原爆の製造を国策として正式に決定したのは、ルーズヴェルトが最初の書簡を受け取ってから2年余を経過した１９４１年12月6日、日本軍による真珠湾攻撃が行なわれる前日だった。12月8日、それまで中立を宣言していたアメリカは対日宣戦を布告し、こうして独・伊・日の枢軸国軍と、米・英・仏をはじめとする連合国軍とによる世界戦争ははじまった。

カリフォルニア大学のバークレー校とパサデナのカリフォルニア工科大学の教授をつとめるロバート・オッペンハイマー（１９０４〜１９６７）は１９４１年秋、物理学界の大御所アーサー・コンプトン（１８９２〜１９６２）の招きで米国科学アカデミーの専門委員会に出席し、原爆開発計画に関心をもつようになった。1942年夏、かれは核物理学者ハンス・ベーテ（1933年ナチスによりドイツから追われた）らを集め、原爆の理論的な検討を行なった。

1942年8月、陸軍工兵隊の本部直属として「マンハッタン管区」が組織され、本格的な原爆研究プロジェクトがスタートする（陸軍内に「マンハッタン計画」の呼称が定着したのはそれから1年ほどのちのことという）。1943年4月1日にはニューメキシコ州ロスアラモスに秘密裡に科学研究所が開設され、ここを舞台に原子爆弾の研究・製造が進められていく。研究所の所長には、コンプトンの推薦をうけたオッペンハイマーが就任し、予算20億ドル、投入された科学者・技術者・労働者のべ数十万人という巨大プロジェクトの推進役をつとめる。理論物理学者としての優れた能力と、組織化された成果を引きだす卓越した指導力で、わずか2年間で原子爆弾を完成させたかれは「原爆の父」として国家的な英雄となった。

オッペンハイマーは1945年、ロスアラモス研究所長を退任し、1947年から1966年までプリンストン高等研究所の所長をつとめたが、この間1954年に「赤狩り」旋風にまきこまれている。バークレー時代に共産主義者と交流していたことが問題視され、戦後は水爆開発を意図的に遅らせたのではないかとの嫌疑をかけられたのだ。1963年、アメリカ政府はかれにフェルミ賞をあたえ、1954年の「オッペンハイマー事件」のさいの非を認め、その名誉挽回をはかったとされる。

マンハッタン計画が最終段階にさしかかったころ、戦局は大きく転回していた。1945年5月7日、ドイツが連合軍に対して無条件降伏したのだ。枢軸国でただひとつ残された日本も敗色濃厚で、大戦は遠からず終息する雲行きだったが、マンハッタン計画は精力的につづけられていた。そのころアインシュタインは、大きな不安に襲われていた。日本が頑強に戦争を続行しようとしていたからだ。戦争が終結すれば、もう原爆は必要ない。だがマンハッタン計画は完成直前まできている。爆弾が完成した時点で戦争が終わっていなければ、原子爆弾は日本に対して使われるのではないか……。

シラードもまた同じような心配に駆られていた。ヨーロッパ戦線の帰趨が見えはじめた1945年の春、かれは「原子爆弾と世界における米国の戦後の立場」と題した覚書を作成し、アインシュタインにルーズヴェルト大統領宛ての紹介状（3月25日付）を書いてもらい、エレノア夫人を通じて大統領に覚書を届けようとした。しかし過去二度にわたり大統領を動かしたアインシュタインの手紙も、このときは効きめがなかった。4月12日、ルーズヴェルトが脳溢血で急死してしまったのである。代わって大統領に就任したトルーマンにもシラードは接触をはかり、次期国務長官ジェイムズ・バーンズに面会して原爆投下がもたらす国家間の原子軍備競争の危険性について説明したのだが、話し合いはすれ違いに終わった。

シラードはその後も、ジェイムズ・フランクらの科学者とともに原爆の無制限使用に反対する運動を画策し、日本への原爆投下にあたっては事前の警告および、一定の条件下で降伏する機会をあたえるべきだと主張した。

V―10―平和運動

ロスアラモス研究所では原子爆弾の準備が着々と進み、その最初の1個（プルトニウム爆弾）の爆破実験が1945年7月16日、ニューメキシコ州アラモゴードの原野で行なわれた。ポツダム宣言で日本に降伏が勧告される10日前のことだ。3週間後の8月6日、アメリカ軍はウラン235の核分裂による原子爆弾を広島に、つづいて8月9日にはプルトニウム238の核分裂による爆弾を長崎に投下した。

日本に原爆がおとされたことを、秘書のヘレン・デュカスから聞いたアインシュタインは「オー・ヴェー！（O,Weh!）」（おお、何と痛ましいことか！）と叫んで絶句したという。世界20年前に訪れたとき、この極東の小国の人びとはいつも不思議な笑みを浮かべていた。世界の人びとが、このように控えめで、いつも微笑をたたえていれば戦争などおこるはずがないと、アインシュタインは信じていた。その国の人びとの頭上で、人類史上もっとも恐ろしい爆弾が炸裂したのだ。かつてドイツがベルギーに侵攻したさい、アインシュタインは、人びとは祖国を護るために断固たたかうべきだ、とのべたことがあるけれど、第2次世界大戦が終結したのちにはこう語っている。

〈戦争中の殺人だからといって、通常の殺人より罪が軽くなるなどということは断じてない[18]〉

原子爆弾は、アインシュタインが発見した質量とエネルギーの等価則にもとづくものだが、この法則を見いだしたとき、かれは、自分が生きているうちに原子力エネルギーが解放されるとは予想もしていなかった。しかし二度までも合衆国大統領に書簡を送り、原子爆弾の開発をうながしたことは、癒すことのできない傷をかれの心に残した。

19世紀の科学者たちは、科学は人類をより幸福な生活にみちびくという信念をもって、研究に打ちこむことができた。しかし20世紀の科学が発見したエネルギーと質量の等価性、原子核分裂による莫大なエネルギー放出といった基礎物理学上の成果は、原爆という凶器を作りだし、とりかえしのつかない災厄をもたらした。悲劇を目のあたりにした科学者たちは、第2次世界大戦後、積極的に世界平和に貢献しようと動きはじめる。アメリカでは1945年の秋、原子核エネルギーを軍の管理下におこうとする「メイ＝ジョンソン法」に科学者たちが反対のノロシをあげ、結局は廃案に追いこんだ。1946年5月には、アインシュタインを議長として原子科学者緊急委員会が誕生し、原子力エネルギーは狭い国家主義の考え方に適合するものではなく、全世界諸国民の理解のもとに管理されるべきだと主張して、市民への啓蒙活動を展開した。アインシュタインは以前から、人類と文明を救済する方法は「世界政府」の設立であると主張していた。

アインシュタインのもとにバートランド・ラッセル（1872～1970）からの書簡が届いたのは1955年2月半ばのことだった。ラッセルは、数学、哲学、社会思想の分野で多彩な研究をすすめ、1925年には相対性理論の一般むけ解説書として世評の高い『*The ABC of Relativity*（相対論のABC）』も公刊している。第2次世界大戦後は原水爆禁止運動や平和運動を展開し、1950年にはノーベル文学賞を受けた。20世紀を代表するこの哲学者は、世界でもっとも高名な科学者たちが連名で声明を発表し戦争廃絶を訴えるなら、大きなインパクトをあたえることができるだろうと考え、アインシュタインに手紙を送ってきたのだった。核戦争が地球上の生命を滅ぼしかねない状況となり、こうした宣言はいかなる国家、いかなる主義からも中立に、「人類の立場」で発言されるべきだとかれは主張していた。アインシュタインはこの計画に深く共鳴し、数度のやりとりののち、ラッセルが起草した宣言に「よろこんで」署名し、4月11日に送付した。翌日、アインシュタインは体調をくずし、この署名が最後の公的な活動となった。

「ラッセル・アインシュタイン宣言」は1955年7月9日にロンドンで公表され、そこにうたわれた「世界の諸政府に核兵器の放棄と国際紛争の平和的解決を勧告する決議」を採択するための会議が、2年後の1957年7月、カナダのパグウォッシュで開かれた。日本をふくめ10ヵ国の科学者22名が集まり、放射能の科学的分析にもとづいて原水爆実験の中止を求める決議を採択した。このパグウォッシュ会議は、政府に影響力のある科学者が一堂に会する機会としてその後もつづけられ、1975年8月に京都で開かれた第25回シンポジウムでは、「各国政府が核兵器による威嚇を永久かつ無条件に放棄することを要求する」湯川・朝永宣言が発表された。

VI章　相対性理論で宇宙を解く

VI－1－自然界の四つの力

晩年のアインシュタインが力を注いだ統一場の理論の研究が不成功に終わったことは、前章でのべた。しかし、重力と電磁力という自然界の基本的な力を、より根源的な理論から構築しようというアインシュタインの発想そのものは、現代の物理学にもうけつがれ、大きな成功をおさめつつある。自然界を統一的に理解する試みがどのようにして達成されてきたのか、アインシュタイン以後にあらわれた統一理論の発展を追ってみよう。それにはまず、ミクロの世界にはたらく力を理解する必要がある。

一滴の水を思いうかべてほしい。水の分子記号については、多くの人が「エイチ・ツー・オー（H_2O）」と記憶しているだろう。そう、水は水素原子（H）2個と酸素原子（O）1個からなりたっている。水素は、自然界に存在する90種類ほどの元素のうちで最も単純な元素であり、その原子は、中心にある1個の陽子（p）のまわりを1個の電子（e）が回っている、というイメージでとらえることができる。水素のつぎにシンプルなヘリウム（He）の原子では、中心に陽子2個と中性子（n）2個からなる原子核があり、その周囲を2個の電子が回っている。原子はいずれも、中心の原子核（水素原子では1個の陽子が原子核にあたる）とそのまわりを一定の軌道半径で周回する電子、という規則的な構造をもっている。陽子と中性子はほぼ同じ質量をもつが、電子の質量は、陽子・中性子の約2000分の1しかない。

一般に原子核は、ほぼ同数の陽子と中性子からなり、そのまわりには、陽子と同数の電子が周回している。たとえば、酸素の原子核には8個の陽子と8個の中性子がふくまれ、この原子核のまわりを8個の電子が回っている。陽子、中性子の大きさは10のマイナス15乗メートルで、電子の回転半径は10のマイナス10乗メートル。つまり電子は原子核の10万倍も遠いところを周回していることになる。原子核を直径22センチメートルのサッカーボールにたとえると、電子の回転半径は22キロ。原子のなか――それは物質のなかでもある――は隙間だらけなのだ！

月が地球のまわりを周回しつづけているのは、地球とのあいだに働く引力と、円運動による遠心力とがつりあっているからだ。原子のばあいも同様に、電子（マイナスの電荷をもつ）と原子核（プラスの電荷をもつ）のあいだの電気的な引力と、円運動から生じる遠心力とがつりあって、電子は安定した軌道を回っている――と考えたいところだが、ここにひとつ重大な困難がある。マクスウェルの理論にしたがえば、円運動をする電子は光を放出しながら徐々にエネルギーを失い、ついには原子核に墜落してしまうのだ。ではなぜ、原子は安定して存在していられるのだろう。多くの科学者が頭を悩ませたこの難問に、突拍子もない解決案を提示したのはデンマークのニールス・ボーア（1885〜1962）だった。1913年に発表されたその理論によると、原子は安定したいくつかの定まったエネルギー状態（これを定常状態とよぶ）をとびとびにとることしかできず、エネルギーがいちばん低い状態（これを基底状態とよぶ）にある原子では、原子核を周回する電子はもはや光（エネルギー）を放出することができない。原子がそれより低いエネルギー状態に移ることが許されていないのだ。この〝禁止措置〟により電子は原子核への墜落をまぬがれる……。なんとも奇妙な仮定と思えるが、素粒子の世界には、われわれが暮らすマクロの世界からは予想もできないような、不思議なキマリが通用する。ボーアが提示した原子模型は、実験結果ともよく適合し、この描像に立って量子力学は電磁力の相互作用（電磁相互作用）を定量的にあつかい、原子の性質を精度よく記述することができたのだった。

では、さらにミクロの世界に踏みこんで、原子核のなかで何がおきているかを考えてみよう。酸素の原子核には8個の陽子と8個の中性子がふくまれる。プラスの電荷をもった陽子はたがいに反発するはずだし、中性子は電気的に中性だから、引力も斥力もおよぼさない。にもかかわらず原子核がまとまっていられるのは、これらの素粒子を束ねる強大な力が働い

自然界の四つの力（相互作用）

	重力	電磁力	強い力	弱い力
力の強さ（目安）	10^{-40}	0.01	1	10^{-5}
作用範囲	無限大	無限大	10^{-15} まで	10^{-18} まで
ゲージ粒子	グラビトン	フォトン	グルーオン	ウィークボソン
荷量	質量	電荷	カラー荷	ウィーク荷
実例	天体間の力	原子間の力	クォーク間の力	原子核のβ崩壊

❖力の作用範囲の単位はメートル。ゲージ粒子は力（相互作用）を媒介する粒子で質量約100GeVのウィークボソンを除き質量はゼロ。荷量は、力が作用する対象。
❖たとえば電磁力（電磁相互作用）は、電荷をもつ電子や陽子などの荷電粒子がフォトン（光子）を交換することで、伝達される。おなじように、質量をもつクォークやレプトンはグラビトン（重力子）を交換することで重力相互作用を行なう。

ているからにちがいない。これが「強い力」（もしくは「強い相互作用」）で、文字通り電磁力より100倍も強い束縛力をもたらす（重力と較べると、なんと10の40乗倍の強さだ！）。原子核がそう簡単には分裂しないことが、理解できるだろう。

さてミクロの世界にはもうひとつ、べつの力がある。たとえば、中性子（n）は、それが単独で存在するときには平均寿命15分で陽子（p）と電子（e^-）と反ニュートリノ（$\bar{\nu}$）に崩壊する。

$$n \rightarrow p + e^- + \bar{\nu}$$

ベータ崩壊とよばれるこの過程はなぜ引きおこされるのか。物質は、力が働かなければ、そのままの状態を保つはずだから、中性子がベータ崩壊をおこしてべつの素粒子（陽子）に変化したのは、そこに何らかの「力」が作用したからにちがいない。それは重力や電磁力のようなマクロの世界にあらわれる力ではないし、また原子核を束ねる「強い力」ともちがう性質をもつ。この第4の力を「弱い力」（もしくは「弱い相互作用」）とよぶ。古くから知られていた重力と電磁力、そして20世紀になって加わった「強い力」と「弱い力」のあわせて四つの力が、こんにち知られている自然界の力のすべてである。

力には〝強さ〟と〝到達距離〟という二つの属性がある。われわれの日常感覚からすると強い力ほど遠くまで到達しそうに思えるが（たとえば、力の強い人ほどボールを遠くへ投げられるだろう）、じつはこの二つはまったく異なる概念だ。前頁に四つの力について、それぞれの性質をまとめた。強さも、到達距離も、作用する対象物質もバラバラであることがわかる。これほどかけ離れた四つの力を、統一的に把握することなど本当にできるのだろうか。

Ⅵ－２ 量子力学――神はサイコロ遊びをするか

ミクロ世界の運動力学をあつかう量子力学の出発点となったのは、マックス・プランクが１９００年に提示した「量子仮説」である。というと、プランクは分子や原子の世界を追究していたように思われるかもしれないが、かれが研究していたのは光のエネルギーをめぐる問題だった。

電熱器に電流を流すと、電気抵抗のおかげでニクロム線が発熱し光を放つ。放射される光は、はじめは赤っぽく、そしてニクロム線の温度が高くなるにしたがって、しだいに白っぽくなっていく。エネルギーの低い（波長が長い）赤色光を中心とした光から、高エネルギーの（波長の短い）黄色や青色の光を多くふくむ光に変わっていくわけだ。一般に、熱せられた物体は光を放射し、放射される光のエネルギー密度と振動数の関係は、物体の温度によって決まる。熱放射とよばれるこの現象については早くから研究されていたが、実験結果を統一的に説明する方程式の確立が最大の難関だった。物体が低温のときと高温のときとで、二つの異なる方程式が成立するようにみえたのだ。プランクはこの二つの式をたくみにまとめ、「プランクの放射公式」をつくりあげたが、その結果、奇妙なことがわかった。エネルギーは「量子化」されているというのである。

量子化とは、言葉をかえると「連続していない」状態をさす。たとえば調光装置のついた室内照明では、明るさを「連続的」に変えることができるが、ふつうのスイッチ式の照明装置では「蛍光灯2本点灯→1本点灯→消灯」の、せいぜい3段階ほどしか光量調節がきかない。このばあい明るさは「不連続」だ。古典的な物理学では、エネルギーはどんな値でも連続的にとりうると考えられたが、プランクの放射公式が正しいとすると、熱放射で発生する光のエネルギーは、「不連続」であることになってしまう。エネルギーの最小単位をε、光の波長をνとおくと、

$$\varepsilon = h\nu \quad (h=6.6\times10^{-34}\text{ジュール・秒})$$

の関係がなりたつ（hはプランク定数といい、その数値は実験で求められる）。放射のエネルギーは、エネルギー量子《$h\nu$》を最小単位として、その整数倍の値を「とびとびに」とることしかできない。これはいったい何を意味するのだろうか。

　プランクの発見から5年後の1905年7月、アインシュタインは「光の発生と変換に関する一つの発見的な見地について」と題した論文を発表した。このなかでアインシュタインは、マクスウェル理論によれば光のエネルギーは連続の値をとるが、これを〈光の発生や光の変換の現象に適用すると、実験と矛盾することもありうる〉[02]と指摘し、古典論では解き明かせなかった「光電効果」の現象を、「光量子仮説」を用いてみごとに説明した。

　光電効果とは、負に帯電した金属表面に光（紫外線）を照射すると金属面から電子が放出される現象で、1887年にヘルツにより発見された。ヘルツの弟子レーナルトは1902年、光電効果に関する詳細な実験を行なったが、困ったことにその結果を古典的な光の波動説で説明しようとすると、どうしても矛盾が生じてしまう。アインシュタインは、光をあた

かも粒子のようにとらえ、光のひと粒ひと粒が《$\varepsilon=h\nu$》のエネルギーをもつと考えれば、レーナルトの実験結果がうまく説明できることを示したのだ。

光量子仮説は、量子仮説を一歩おし進めたものだったが、プランク自身はあまり評価しなかった。というのもプランクは、量子仮説はあくまで仮説であって、自然は最終的には連続的な世界として理解されうるはずだと考えていたからだ。そしてアインシュタインも、どちらかといえば、古典的な「連続的な自然観」に強く魅せられていた。しかし、二人の先覚者の思惑とはまったく逆の方向に、量子力学は進んでいく。

プランクが導入したプランク定数hは、ミクロの世界には必ず顔を出す定数だが、その意味は、1927年にヴェルナー・ハイゼンベルク（1901〜1976）が発見した不確定性原理によって明らかにされた。それは、自然を観測する精度の限界を示していたのである。たとえば電子を観測し、何秒か後の位置を予測するとしよう。そのためには電子の位置と運動量（質量と速度の積）を正確に知る必要があるのだが、不確定性原理によれば、位置を正確に測定しようとすると運動量の測定誤差が大きくなり、逆に運動量を正確に測定しようとすると位置の測定誤差が大きくなる。「位置の不確かさの幅Δx」と「運動量の不確かさの幅Δp」のあいだには、

$$\Delta x\times\Delta p\geqq h$$

の関係があり、一方を正確に（つまり不確かさを小さく）測定しようとすると、もう一方の不確かさが増大していく。つまり両方の値を、同時に、どこまでも正確に測定することは、許されていないのだ。ゾウのように重たいマクロの物体の運動を測定するばあいにも、不確定性原理ははたらいているのだが、hの値が小さいために、測定誤差は無視できるほど小さくなる。しかし電子や陽子のように質量が小さい物体のばあいには、不確定性原理が大きく影響し、粒子の運動量を正確に測定しようとすると位置がぶれてしまい、逆に位置を正確に決定すると粒子の運動量は大雑把にしか測れなくなる。ミクロの世界へのハシゴをどこまでも降りていくと、世界は、度のあわない眼鏡を通したように、ぼやけたものになっていくのだ。

素粒子の運動を記述するミクロの世界の運動方程式は、ハイゼンベルクとエルヴィン・シュレーディンガー（1887〜1961）によって独立に発見されたが（二人の方程式の形式は異なるが、数学的には等価であることがシュレーディンガーによって証明されている）、ともにプランク定数hをふくみ、ニュートンの運動方程式とはだいぶ様相がことなる。いちばんの相違は、ミクロの世界では粒子の運動を決定論的に予測できないことだ。たとえば電子の位置は「時刻tにA点に存在する確率が80パーセント」といったぐあいに、確率によって予測される。古典力学では、運動する物体の初期条件があたえられれば、その物体の運動の一部始終が一意的に決定できたが、量子力学では、その古典的な自然観がまったく通用しないのだ。確率によってしか記述しえない量子力学を、アインシュタインは「神がサイコロ遊びをするとは思えない」と批判し、最後まで、それこそ駄々っ子のように、抵抗しつづけた。

VI-3｜物質の究極のすがた――クォークとレプトン

量子力学の発展によって、ミクロの世界は次第に解き明かされ、物質は基本的には電子・陽子・中性子の3種の素粒子からなっていることがわかった。陽子や中性子のように質量が重く「強い力」がはたらく素粒子をハドロン（強粒子）とよび、電子のように質量の軽い素粒子をレプトン（軽粒子）とよぶ。レプトンには6種類があるだけだが、ハドロンには数百におよぶ粒子が観測されており、物質の基本要素と考えるにはちょっと種類が多すぎる。おまけにレプトンがほとんど大きさのない点状粒子と考えられるのに対し、陽子と中性子は有限の大きさをもつことがわかっている。とすると、ハドロンの内部には、さらに微小な粒子が存在するのではないか、という疑問が頭をもたげてくる。

1964年、アメリカの理論物理学者マレイ・ゲルマン（1929～）とジョージ・ツヴァイク（1937～）は、ハドロンがさらに小さな基本粒子から構成されるという大胆かつ巧妙な仮説を発表した。この基本粒子を「クォーク」と名づけたのはゲルマンで、ジェイムズ・ジョイスの小説『フィネガンズ・ウェイク』に出てくるカモメの鳴き声にちなむという（ツヴァイクは「エース」とよんだが、定着しなかった）。

クォークには、アップ（u）、ダウン（d）、ストレンジ（s）の3種類があり、それぞれ「プラス$\frac{2e}{3}$」「マイナス$\frac{e}{3}$」「マイナス$\frac{e}{3}$」の電荷をもつ（eは単位電荷。陽子やπ^+中間子はプラスe、ニュートリノやπ^0中間子はプラスマイナス・ゼロ、電子やμ^-粒子はマイナスeというように、ハドロンやレプトンはすべて整数値の電気量をもっている）。名称は個々の粒子の性質をあらわすものではなく、「クォーク」と同じように、物理学者の遊び心のあらわれと思ってほしい。場の量子論は、あらゆる素粒子に電荷が逆向きの「反粒子」があることを明らかにしたが、クォークも例外ではない。陽子には電荷がマイナスeの反陽子が、電子には電荷がプラスeの陽電子が対応するのと同様に、各クォークにも反粒子（反クォーク）が対応する。反クォークはu、d、sの上にバーをつけて$\bar{u}$、$\bar{d}$、$\bar{s}$と表記する。

クォークモデルがすぐれているのは、これら3種類のクォーク（および反クォーク）の組みあわせで数百種のハドロンをつくりだせることだ。陽子や中性子など重粒子（バリオン）とよばれる素粒子はクォーク三つの組みあわせで、また中間子（メソン）はクォークと反クォークの組みあわせとなる。なんとも巧妙なのは、クォークの分数電荷が素粒子レベルでは決して外にはあらわれないことだ［次頁の表参照］。もうひとつ、クォークのきわだった特

物質の基本粒子　クォークとレプトン

クォーク		電荷	反クォーク		電荷
アップ	u	$\frac{2}{3}e$	反アップ	$\bar{u}$	$-\frac{2}{3}e$
ダウン	d	$-\frac{1}{3}e$	反ダウン	$\bar{d}$	$\frac{1}{3}e$
ストレンジ	s	$-\frac{1}{3}e$	反ストレンジ	$\bar{s}$	$\frac{1}{3}e$
チャーム	c	$\frac{2}{3}e$	反チャーム	$\bar{c}$	$-\frac{2}{3}e$
ボトム	b	$-\frac{1}{3}e$	反ボトム	$\bar{b}$	$\frac{1}{3}e$
トップ	t	$\frac{2}{3}e$	反トップ	$\bar{t}$	$-\frac{2}{3}e$

レプトン		電荷	反レプトン		電荷
電子	e^-	$-e$	陽電子	e^+	$+e$
電子ニュートリノ	ν_e	0	反電子ニュートリノ	$\overline{\nu_e}$	0
ミュー粒子	μ^-	$-e$	反ミュー粒子	μ^+	$+e$
ミューニュートリノ	ν_μ	0	反ミューニュートリノ	$\overline{\nu_\mu}$	0
タウ粒子	τ^-	$-e$	反タウ粒子	τ^+	$+e$
タウニュートリノ	ν_τ	0	反タウニュートリノ	$\overline{\nu_\tau}$	0

❖すべての粒子には、反粒子が存在する。反粒子は、いうなれば「負の物質」で、粒子とまったく同じ質量と正反対の電荷をもち、たとえば電子と陽電子が合体すると「対消滅」してガンマ線と化す（粒子2個分の質量が完全にエネルギーになる)。逆にガンマ線から粒子と反粒子の対が生まれることもあり、これを「対生成」という。

❖クォークには249頁の表の四つの力がすべて作用する。レプトンには「強い力」以外の3種の力が作用する（電荷のない粒子には電磁力は作用しない)。

❖陽子・中性子・中間子などのハドロンは、3つあるいは2つのクォークを組みあわせてつくられる。その合計の電荷はかならず整数値となる。

陽子p ……………… (u、u、d)　合計の電荷：$\frac{2}{3}e+\frac{2}{3}e-\frac{1}{3}e=+e$
中性子n ……………… (u、d、d)　合計の電荷：$\frac{2}{3}e-\frac{1}{3}e-\frac{1}{3}e=0$
パイ中間子π^+ ……… (u、$\bar{d}$)　合計の電荷：$\frac{2}{3}e+\frac{1}{3}e=+e$
パイ中間子π^- ……… ($\bar{u}$、d)　合計の電荷：$-\frac{2}{3}e-\frac{1}{3}e=-e$
反陽子p^- ……………… ($\bar{u}$、$\bar{u}$、$\bar{d}$)　合計の電荷：$-\frac{2}{3}e-\frac{2}{3}e+\frac{1}{3}e=-e$

徴は、決して単独では観測されないこと。クォークは常に3個（重粒子）か2個（中間子）の束縛状態として存在し、ハドロンのなかに閉じこめられているのだ。

ゲルマンとツヴァイクのクォーク理論はその後さらに洗練されて、今日の標準理論では、物質の最も基本的な要素は6種のクォークと6種のレプトンであるとされ、新しく加わったチャーム（c）、ボトム（b）、トップ（t）の三つのクォークの存在もつぎつぎに実験的に確認されている。これら、物質の究極のパーツを前頁にまとめた。「重力」は、すべての粒子に働くが、その力はきわめて弱く、クォークとレプトンの相互作用を考えるさいには、特別なばあいを除いて無視してもさしつかえない。「強い力」はクォークには働くが、レプトンには働かない。「電磁力」はすべての電荷をもつ粒子（6種のクォークと3種のレプトン）に作用する。ニュートリノに働く力は、重力を除けば「弱い力」だけである。

重力には注目すべき性質がある。無限遠方まで作用をおよぼすにもかかわらず、他の3種の力にくらべて桁ちがいに弱いのだ。ここでいう力の強さとは、素粒子と素粒子のあいだに働く力の大きさを意味しているが、多数の素粒子をあつめて集合体をつくってやれば、重力はその質量に比例していくらでも大きくなる。たとえば太陽は莫大な数の素粒子からなりたっており、そのぶんだけ重力は加算され、総体としては強大な力となって、太陽系の惑星たちを引き止めることができる。こうした重力の特異な性質が、じつは他の力と重力とを統一するさいの障害となる。重力を基本においたアインシュタインの統一場理論への挑戦には、その意味でも無理があった。

強い力と弱い力がミクロの世界だけに作用することは、物質の安定性を保証するうえで、とても重要だ。もし強い力の作用が、重力のように、きわめて遠い距離までおよぶとすれば、宇宙のすべての物質は強い力でたがいに引きつけあい、一点に収縮してしまうだろう。もし弱い力の到達距離が何桁か大きければ、物質はすべて崩壊してしまうにちがいない。今日ある宇宙の姿は、素粒子たちが4種の力の特性にしたがって作用を受けてきた結果なのだ。

さて、これら四つの力は、どのように発生し伝播するのだろうか。力の強さも到達距離もバラバラだが、じつはいずれの力も、同じひとつの理論で記述できることが、次第にわかってきた。それが、ヘルマン・ワイルが統一場を構築するさいに導入した「ゲージ理論」である［213頁参照］。このゲージ理論では、力の伝播は「ゲージ粒子」とよばれる粒子を交換することによっておこり、たとえば電磁力は、電荷をもつ粒子のあいだに「光子」が交換されることで伝わる。つまり光とは、電磁力を伝える粒子の流れだったのだ。ちょっと待ってくれ、光は電磁波、すなわち波動だといったではないか、と思われるかもしれない。そこでアインシュタインの「光量子仮説」を思い出してほしい。光はマクスウェル理論にしたがう波動であり、同時にエネルギーを運ぶ粒子とも考えることができた。これはなにも光だけの特質ではなく、電子も陽子も中性子も、すべての素粒子は、じつは波動としての性質をあわせもつことが、フランスのルイ・ド・ブロイ（1892～1987）によって1924年に見いだされた。物質は粒子であると同時に波動でもあるというこの奇妙な事実は、ボーアの原子模型［248頁参照］をみごとに説明してくれるのだが、くわしくは量子力学の解説書を読んでほしい。

四つの力がいずれも「ゲージ理論」で記述できるとすれば、これを統一理論に利用しない手はないだろう。

Ⅵ-4　統一への新たな道――弱電統一理論

ゲージ理論の枠組みのなかで、力の統一理論が新たな展開をみせたのは1960年代後半のことだった。スティーヴン・ワインバーグ（1933～）、アブドゥス・サラム（1926～1996）、シェルダン・グラショウ（1932～）の3人は、光子とウィークボソンの類似性に注目した。電磁力を媒介する光子と、弱い力を媒介するウィークボソンは、おどろくほどよく似た性質をもっている。アインシュタインは重力と電磁力を統一しようと考えたけれど、まずは似たもの同士の「電磁力と弱い力」を統一するのが早道ではなかろうか。

しかし似ているからといって、そう簡単に力の統一が達成できたわけではない。ワイルのゲージ理論の説明のところで、ゲージ場ではゲージ不変性が保たれていなければならないことをのべたが、そのためにはゲージ粒子の質量はゼロでなければならない。光子は質量をもたないので問題はないが、弱い力を媒介するウィークボソンの質量は陽子や中性子の100倍もあり、このまま二つの力を統一するとゲージ不変性を破ってしまうことになる。ゲージ不変性を保ったまま、ゲージ粒子に質量をもたせる方法はないものか？　ワインバーグとサラムは、「ゲージ対称性の自発的破れ」という巧妙な手法をつかって、この一見矛盾する要求を解決することに成功した（ここでいう「ゲージ対称性」とは「ゲージ不変性」と同じ物理的な意味をもつ）。ゲージ不変性（ゲージ対称性）を破るのはご法度だが、不変性が自発的に破れるのはいい、という考え方である。このことを磁石で説明しよう。

棒磁石の両端にはN極とS極がある。これを微視的にみると、小さな棒磁石（そのそれぞれにNとSの対がある）が、ある特別な方向にそろって並んでいる［次頁の図参照］。秩序立って見えるかもしれないけれど、この状態は「対称性が低い」。というのも、磁石は小磁石の軸の方向についてのみ対称であって、その他の勝手な方向（たとえば30度傾いた軸）を基準にとると対称性は崩れてしまう。この磁石を高温に熱すると、小磁石はランダムな熱運動によって乱され、全体として磁石ではなくなってしまう。小磁石は勝手な方向を向いているので、どの軸をとっても空間の対称性は同等である。空間が特別の対称軸をもたないのだから（すなわち、あらゆる方向に対称なのだから）、熱する前の「小磁石が整列した状態」に較べて、空間の対称性は高いことになる。

磁石と「対称性の自発的破れ」

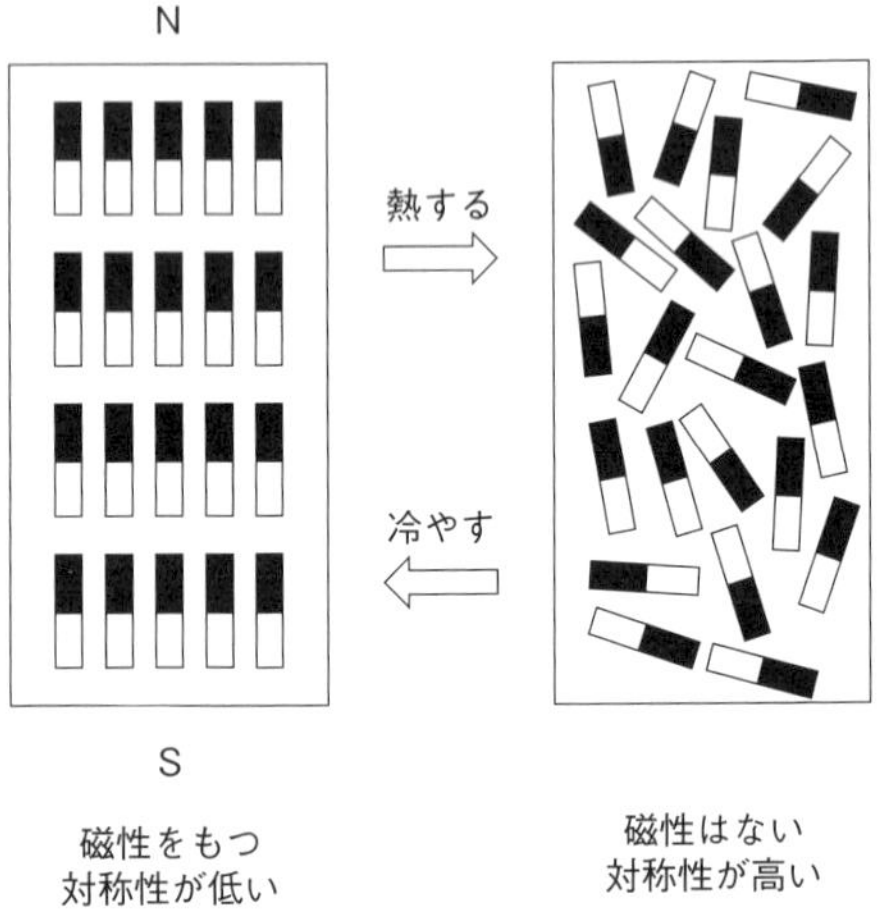

棒磁石（左）を微視的に見ると、小さな磁石がきれいに整列した状態にある。これを熱すると、微小な磁石はランダムな方向を向いてしまい、全体としての磁性は失われる（右）。特別な方向性をもたないという意味で「対称性が高い」状態である。ここから温度を下げていくと（外部の磁界などによって）ある特定の方向が選ばれ、微小磁石の向きが揃う（左）。磁石は整列したほうが安定した状態になるからだ。ランダムな状態から特別な方向性をもつ状態になったのだから、空間の対称性は破れたことになる。もともとの自然法則は対称性をもっていたのに、なにかの作用が働いて対称性が破れたように見えるとき、これを「対称性の自発的破れ」という。棒磁石がもっていた対称性は失われたわけではなく、加熱することでふたたび対称性を取り戻せる。1964年、ヒッグスは「対称性の自発的破れ」を適用すれば、ゲージ対称性を破らずに、ゲージ粒子に質量をあたえられることを見いだした。

ここで温度を下げていくと、再び小磁石が整列して対称性が低下する。このように、もともとの状態では対称性をもっていたのに、現実には対称性が破れているように見えるとき、これを「対称性（不変性）の自発的破れ」という。小磁石が綺麗に整列したことで、磁石の対称性は喪失したわけではなく、覆い隠されているだけなのだ。なぜなら、磁石を熱すれば再び対称性を取り戻すことができるのだから。「対称性の自発的破れ」をゲージ理論に適用するというアイディアは、１９６４年にイギリスのピーター・ヒッグス（１９２９〜）によって提唱され、「ヒッグス機構」とよばれている。それは相互作用そのものの対称性は維持しながら、対称性の破れを真空の変質（相転移）に肩代わりさせる巧妙なやり方だ。

棒磁石は温度（エネルギー）をあげると対称性を回復し磁力を失う。逆に温度（エネルギー）を下げると対称性が自発的に破れ、磁力を回復する。ヒッグス機構では、真空のエネルギー状態が高いレベルから低いレベルに移ることで、対称性が自発的に破れ、このときゲージ粒子は質量をもつことが許されるようになる。エネルギーが高い状態では真空は高い対称性をもち、ウィークボソンの質量はゼロである。そこではウィークボソンと光子はそっくり同じようにふるまい、両者を区別することはできない。二つの力をへだてていた隔壁が取り払われ、弱い力と電磁力はどちらも「弱電統一理論」で記述できるのだ。エネルギーがあるレベル（１００ＧｅＶ）まで下がると真空の対称性が自発的に破れ、ウィークボソンは質量を獲得し、電磁力と弱い力は、異なる二つの力としてふるまうようになる。

*

ここで素粒子のエネルギーのあらわし方について解説しておこう。ミクロの世界のエネルギー表示は電子ボルト「eV」を単位とする。1eVとは、1ボルトの電位差のかかった空間で単位電荷（電子や陽子がもつ電荷量で、電子はマイナスe、陽子はプラスeをもつ）が運動するときのエネルギーを意味する（《1.602×10^{-19}ジュール》に相当する）。エネルギーは《$E=mc^2$》により質量と等価なのだから、この「eV」は素粒子の質量をあらわす単位としても使われる。電子の質量は0・5MeV、陽子や中性子は0・94GeVに対応するといったぐあいだ。MeVすなわちメガ電子ボルトは100万電子ボルトを、GeVすなわちギガ電子ボルトは10億電子ボルトを意味する。

統一理論によれば、エネルギーが100GeV以上の世界では、弱い力と電磁力はひとつの理論の枠組みのなかで記述される。そしてヒッグス機構のおこる100GeVは、対称性の破れによりウィークボソンが獲得した質量に相当する。ウィークボソンは陽子や中性子の約100倍も重く、それゆえ遠くまで飛ぶことができない。弱い力の到達距離が10のマイナス18乗メートルと極端に短いのはそのためだ。

ワインバーグとサラムが構築した「統一理論」はそれまでの実験結果をすべて矛盾なく説明し、さらに1983年にはCERN（欧州合同原子核研究機関）のカルロ・ルビア（1934〜）らのチームにより3種類のウィークボソンの存在が加速器実験で確認された。質量は、電荷をもつW^+とW^-が80ＧｅＶ、電荷をもたないZ^0が91ＧｅＶと、理論が予言したとおりの値だった。アインシュタインが夢みた力の統一は、着想から50年の歳月を経て、ようやく現実のものとなったのだ。もっともアインシュタインの思惑とはちがい、統合されたのは弱い力と電磁力の二つの力であり、それもミクロの世界を舞台とした統一であったが。

VI－5　三つの力を「大統一」

さて、電磁力と弱い力の統一理論が成功をおさめると、科学者たちはさらに上をめざした。新たな「大統一理論」で統一すべき第3の力としてかれらが狙いを定めたのは「強い力」だった。

強い力はゲージ粒子「グルーオン」によって媒介され、その強さは他の三つの力に比して破格に大きい。作用のおよぶ距離は10のマイナス15乗メートルだから、弱い力の１０００倍だ。重力や電磁力は遠く離れるほど弱くなるが、逆に強い力は（弱い力も）、遠く離れるほど強くなるという性質をもっている。グルーオンで結ばれた2個（あるいは3個）のクォークを引き離そうとしても、離せば離すほど強い力は大きくなって、引き離すことができない。クォークがつねにハドロン内に閉じこめられ、単独では観測できない理由はここにある。

統一理論では、エネルギーを100GeVまであげたところで、弱い力と電磁力が統一できた。ならば、そこからさらにエネルギーをあげていくことで、強い力も統一できるのではないか。この考え方にしたがって1970年代半ばにグラショウらによって大統一理論が構築されたのだが、ひとつ困ったことがおきた。三つの力が大統一されるエネルギー・レベルを求めると、とんでもなく高い値になってしまうのだ。10の15乗GeVというから、弱い力と電磁力が統一されるエネルギーの10兆倍。エネルギーがここまで高くなると、実験物理学者はお手上げになる。

現在のところ、最も高いエネルギー領域を達成できる実験設備は、CERNで2008年から稼働しているLHC（Large Hadron Collider）である。加速リングの周長27キロメートル、山手線の一周にほぼ匹敵する巨大加速器だが、発生するエネルギーの最大値はたかだか10の4乗GeVでしかない。大統一のエネルギー「10の15乗GeV」を同じメカニズムで発生させようとすると、加速器は太陽系よりも大きくなってしまう。実験で大統一理論を立証することはできない相談なのだろうか。いや、物理学者はもちろんあきらめたりはしない。

強い力はクォークだけにはたらき、電子やニュートリノなどのレプトンには作用しない。言葉をかえると、クォークとレプトンは、強い力がはたらくかどうかで区別できる。物質を構成する2種類の粒子群、クォークとレプトンのあいだには高い障壁があり、両者はたがいに隔離されているわけだ。ところが大統一理論によれば、エネルギーが10の15乗ＧｅＶよりも高い領域では、三つの力は「大統一力」に統一されて、「強い力」という固有の力はもはや存在していない。これは高い障壁が取りはらわれ、クォークとレプトンを区別する方法がなくなることを意味し、そこではクォークとレプトンが自由に行き来できるようになる。前にのべたように、陽子や中性子はクォークで構成されているが、たとえば陽子を構成している（u、u、d）のクォークのひとつがレプトンに変わると、いったい何がおきるだろうか。つぎのような反応が考えられている。

$$p \rightarrow e^{+} + \pi^{0}$$

これは、陽子が、陽電子とパイ中間子（π^{0}）に崩壊したことを意味している。陽電子はべつの電子（e^{-}）と対消滅して光子（電磁波）になるし、パイ中間子は短寿命（半減期10のマイナス16乗秒）で2個の光子（γ線）に崩壊する。こうして物質のもとになる陽子や中性子（これらを核子とよぶ）が徐々に崩壊して光子になるのだとすれば、宇宙から物質が消えてしまうことになる。大統一理論は、すべての星が姿を消し、宇宙はいつか光の海になってしまうと予測しているわけだが、これはちょっとおかしくないだろうか。核子は宇宙開闢の直後、すなわち１４０億年も昔に生成されたにもかかわらず、今も安定に存在しつづけている。物質が自然に崩壊するというなら、もうすでに宇宙は物質のない、光の海になっているのではないか？

宇宙開闢から１４０億年たった現在も物質が存在しているということは、かりに核子が崩壊するとしても、その寿命はきわめて長いことを示唆している。ではどれくらい長いのか。大統一理論がはじきだした陽子の寿命は、なんと10の32乗年。現在の宇宙の年齢が10の10乗（１００億）年ほどだから、その千億倍のさらに千億倍。とてつもない長さであることがわかるだろう。この限りなく長命な陽子の崩壊現象が確認できれば、大統一理論の正しさを立証できるわけだが、そのためには10の32乗年ものあいだ、ひたすら崩壊を待って、１個の陽子とにらめっこしなければならないのだろうか？

陽子の寿命が〝平均寿命〟であることがポイントだ。たとえば日本男性の平均寿命が78歳だといっても、すべての男性が等しく78歳で死亡するわけではない。１００歳まで長生きする人もいれば、１歳未満で死亡する赤ん坊もいる。多くのサンプルを集めてくれば、寿命の短い男性に出会う機会も増えてくる。つまり大量の陽子を集めれば、なかには数年という短い寿命で崩壊するものもあるだろう。

岐阜県飛驒市神岡町にある神岡鉱山の地下１０００メートルに、３０００トンの純水をたたえた巨大観測装置「カミオカンデ」が建設されたのは１９８３年のことだった。３０００トンの水には陽子が10の33乗個ほどふくまれており、１年に数個の陽子崩壊がおこると予想された。これを検出器でとらえて大統一理論を検証するのがこの装置の主目的だったが、残念ながら陽子崩壊をとらえることはできなかった。その後、カミオカンデは高感度のニュートリノ観測装置に改造され、1987年には大マゼラン星雲でおこった超新星爆発で放出されたニュートリノの検出に成功し、研究リーダーの小柴昌俊博士が2002年のノーベル物理学賞を受賞した。1996年にはさらに巨大な「スーパーカミオカンデ」が完成し、ニュートリノの観測とあわせて、陽子崩壊の瞬間をとらえようと見張っているが、これまでのところ検出には成功していない。それは陽子の寿命がさらに長いことを示唆しており、大統一理論の範囲内で、陽子のさらなる長寿を説明する試みもなされている。

10の15乗GeVという大統一のエネルギーを地球上でつくりだすことはできそうもないが、宇宙から降ってくる宇宙線のなかには10の11乗GeVという高いエネルギーをもった粒子も見つかっており、こうした高エネルギーの現象をとらえ、大統一理論の世界を解明しようとする計画も、世界では進められている。物理学者たちの粘り強い努力を見守ろう。

VI－6｜アインシュタインの夢

宇宙は140億年前、大爆発とともに誕生し膨張をつづけてきた。今日の宇宙は大きくて冷たいけれど、爆発した直後の宇宙はずっと小さく、そして今よりはるかに高温だったと考えられる。

宇宙の温度は、宇宙空間を満たす「背景放射」とよばれる光の温度（すなわちエネルギー）で決まり、その光は現在の宇宙では絶対温度で2・7K（ケルビン）、すなわち零下約270℃という極低温の電磁波である。しかし時間をどこまでもさかのぼっていけば、宇宙のサイズはどんどん小さく、温度はいよいよ高くなっていく。ある時点で宇宙のエネルギー・レベルは100GeVを超え、そこでは弱い力と電磁力が統一された「統一理論」の世界があらわれ、さらにさかのぼって10の15乗GeVを突破すれば「大統一理論」の世界に到達し、その先には、重力さえもが取りこまれた「統一場」としての原始宇宙が見えてくるのではなかろうか。

アインシュタインが追い求めていた力の統一は、じつは膨張宇宙が誕生した最初期に達成されていた。宇宙が誕生したとき、そこには、たったひとつの力しかなかった。やがて時がたち、宇宙が膨張するにつれて、まず重力が分岐し、ついで強い力が枝分かれし……と、まるで生命が多様化していくように、力も分岐し、進化してきたのだ。つまり時間をさかのぼれば、アインシュタインが夢みた「力の統一」が達成できることになる。

エネルギーが100GeVの宇宙は、開闢から10のマイナス11乗秒が経過したときに存在していた。これより以前の宇宙では、真空のゲージ対称性が回復しており、電磁力と弱い力は、ほぼ同じ強さの「原始の電磁力」と「原始の弱い力」として、統一理論によって記述される。さらに時間をさかのぼって、開闢から10のマイナス36乗秒になったとき、エネルギーは10の15乗GeVになっている。宇宙はもう一段高い対称性を回復し、「強い力」を含めた三つの力が一本化する。それは大統一理論が描く「大統一の世界」であり、そこでは、物質の究極的なミクロの要素、クォークとレプトンが裸の状態で飛び回っていた。電磁力も弱い力も、強い力も区別することはできない。しかしここでもまだ重力は、大統一力とは別個の力として存在していた。

開闢から10のマイナス44乗秒後までさかのぼると、エネルギーは10の19乗GeVとなって、ついに重力までが取りこまれる。しかしその世界の詳細については、まだはっきりしたことはわからない。というのも、そこでは重力の「量子化」が要求されるからだ。統一理論はミクロの世界を記述する量子力学の枠組みで展開されており、そのなかで重力をあつかうためには、まず重力の理論である一般相対性理論そのものを量子化しなければならない。一般相対性理論では時間や距離は連続する数値としてあつかわれていたけれど、これらの物理量もまた「量子化」をまぬがれないということだ。

物理学の基本的な三つの定数——ニュートンの重力定数G、光速c、プランク定数h——をうまく組みあわせると、距離の次元をもつ数値がみちびきだせる。これがプランク距離(l_p)とよばれるもので、

$$l_p=\sqrt{\frac{Gh}{c^3}}\sim 10^{-35}\mathrm{m} \qquad (13) \qquad \left(\begin{array}{l} G=6.7\times10^{-11}\mathrm{m^3/kg\cdot s^2} \\ c=3\times10^{8}\mathrm{m/s} \\ h=6.6\times10^{-34}\mathrm{J\cdot s} \end{array}\right)$$

であたえられる。10のマイナス35乗メートルという極微の世界だが、このスケールでは空間を記述するのに量子力学が必要になってくる。そこでは時間と空間が量子化されており、不連続な値しかとれない。

通常の量子力学では、プランク定数hをゼロにする極限で、ニュートンの古典力学に移行した。つまり量子力学は、ニュートン力学を内包しつつ、それを超えたミクロの世界を記述することができるのだ。それと同様に、重力の量子力学も、重力の古典論「一般相対性理論」を取りこんだ、より大きな理論の枠組みを提供するものでなければならない。右の⒀式で、hをゼロにしてみると、プランク距離（l_p）もゼロとなり、重力の量子力学が大きさのない質点を基礎とした一般相対性理論に移行することがわかる。一般相対性理論の古典的な時空の概念がなりたつのはプランク距離までで、これよりも微小な空間では、時空の概念それ自体が変更されねばならないのだ。

プランク距離と同じ方法で三つの定数から「プランク時間」「プランク・エネルギー」を

求めることができる。プランク距離に対応するプランク時間は10のマイナス44乗秒で、これが宇宙開闢以来、重力が量子化している時間をあらわす。このとき宇宙のエネルギー（プランク・エネルギー）は10の19乗ＧｅＶ。重力をふくむすべての力が統一する可能性が、この瞬間にひそんでいる。すでに、三つの力は大統一理論によって一本化しているが、この力が重力と統合できれば、すべての力を一本化した「原始の力」ともよぶべき根源的な力を手にすることができるはずだ。これこそ正しくアインシュタインの夢の実現ということになる。

＊

では重力の量子化は問題なく達成できるのだろうか。他の三つの力を統一したのと同じ手法が、重力にも使えるといいのだが……。

量子力学には「場の理論」に固有の「発散」という望ましくない現象がつきまとう。たとえば重力も電磁力も、働く力の大きさは粒子間の距離の2乗に反比例するから、距離をどこまでも小さくしていくと、ついには距離がゼロになって《1÷0》すなわち無限大があらわれる。方程式に無限大が発生すると、数学的な予測能力が失われ、理論は存在意義を失ってしまうが、重力以外の三つの力の量子力学では「くりこみ」とよばれる処方が用意されており、場の理論の発散をうまく処理し、有限の値を求めることができる。三つの力がくりこみ可能なゲージ理論で記述できることが、統一理論から大統一理論への発展を可能にしてきたのである。

ところが困ったことに、重力場に対しては、このくりこみの処方が適用できないことが、すでに証明されている。電磁相互作用では、原子・分子のスケールあたりから量子力学が必要になってきたが、重力の量子理論ではそれよりも20桁も小さなプランク距離からが対象となる。重力の量子化が超ミクロのスケールでおこる――このことが、くりこみを不可能にする一因だ。

マクロの重力はほかの力に較べて30桁以上も弱いが、重力の量子化が問題になるプランク距離あたりでは事情はがらりと変わってくる。二つの粒子（クォーク、レプトン）に働く重力はそれらの質量（エネルギー）に比例するが、粒子間の距離が極端に短くなってくると、不確定性原理のおかげでエネルギーのゆらぎが限りなく増大し、粒子の質量が確定できなくなってしまう。しかも、万有引力の特徴として力はつねに同じ向き、すなわち引力として作用し、エネルギーのゆらぎが非常にたちの悪い発散（紫外発散）をひきおこしてしまうのだ。

これは、時空が連続であるかぎり、局所対称性の理論（局所場の理論）では避けることのできない決定的な障害である。これまで、くりこみ可能なゲージ理論を武器にして、統一理論から大統一理論へと快進撃してきた物理学者たちは、重力のくりこみ不可能性という巨大な城壁に行く手をはばまれてしまった。

紫外発散の問題は、場の量子論が建設された１９２０年代末からの課題であった。場の量子論にもとづいて中間子論をつくりあげた湯川秀樹（１９０７〜１９８１）は、「広がった素粒子像」という発想の重要性を早くから主張していた。大きさのない点状粒子はどこまでも近づくことができる（つまり距離がゼロになる）ため、つねに紫外発散の困難がつきまとう。湯川の慧眼は、点状粒子の概念には限界があることを見すかしていたのだ。ところが幸か不幸か、朝永振一郎（１９０６〜１９７９）やジュリアン・シュウィンガー（１９１８〜１９９４）らが提唱した「くりこみ理論」が、ゲージ場における紫外発散をうまく処理できることがわかり、湯川の「広がった素粒子像」は忘れ去られてしまった。

しかし重力の量子力学を考える段階にきて、点状粒子によるゲージ理論に固執するかぎり、解決の道が閉ざされていることが明らかになった。重力の紫外発散にわずらわされることなく四つの力を統合し、かつ、物質粒子（クォーク、レプトン）や真空粒子（ヒッグス粒子）など、これまでに観測され考えられてきたあらゆる現象を取りこんだ革新的な理論はないものか。こんな欲ばった期待のなかで、超ひも理論が登場した。

VI−7　宇宙の最終理論!?——超ひも理論

超ひも理論は未完成の理論だが、にもかかわらず世界の理論物理学者を引きつけてやまないのは、それが〝アインシュタインの夢〟すなわち、宇宙の最終理論としての魅力を秘めているからだ。その詳細については他の文献を参照していただくとして、ここでは発展途上にある超ひも理論について、簡単に触れるにとどめよう。

超ひも理論の基本要素は、点状粒子ではなく、長さをもつ「ひも」である。太さはゼロで、すべての「ひも」は一定の質量密度（単位長さあたりの質量）をもつ、というのが基本的な前提だ。ひもは振動しており、振動のエネルギーは粒子の質量をあたえる。つまりひもの振動状態のひとつひとつが、質量をもつ異なる点状粒子に対応することになる。こうして振動の激しさによっていくらでも大きな質量をもつ粒子を作ることができる。このひもは、プランク距離よりはるかに大きなわれわれの世界では点にしか見えないが、大きな自由度をもっており、その結果、マクロの世界の物質や力、時空など、一見するとまったくちがった概念までを「ひも」という一つの実体に包括することができるのだ。

超ひも理論が完全に整合性のとれた量子力学となるためには、時空は、時間1次元と空間9次元をあわせた10次元の「臨界時空」でなければならない。われわれが認知できるマクロの時空の4次元以外の六つの次元は、プランク距離以下の小さな空間に封じこめられており、今日の技術では観測にはかからない。10次元の時空が4次元に縮むというメカニズムを時空の「コンパクト化」とよぶが、そこに物質や宇宙のなりたちを理解する鍵がひそんでいる。

ひもにつけられた「超」の意味にもふれておこう。クォークやレプトンなどの物質粒子と、力を媒介するゲージ粒子はまったく異なる性質のものだと考えられてきたが、「超対称性」という概念をつかうことで、これら二つのグループの粒子がたがいに関係づけられることがわかった。つまり、超対称性がなりたつ世界（高いエネルギーの世界）では、物質粒子とゲージ粒子は共通の「超粒子」として統合されていたというのである。現実の世界（低いエネルギーの世界）では超対称性は破れており、超粒子は物質粒子とゲージ粒子という一見ちがった姿をしてあらわれているけれど、プランク世界という高いエネルギーの世界に住む超ひもは、超対称性をもち、物質粒子とゲージ粒子を統合した超粒子を内包しているのだ（2004年、つくば市の高エネルギー加速器研究機構で超対称性粒子の存在を示唆する事象が観測された）。

超ひも理論は、有限の長さをもつ「ひも」の概念を導入することによって、重力のくりこみ不可能性という最大の難関を突破できる。だがそれだけでは、新しい理論としての資格はじゅうぶんではない。20世紀の物理学で大成功をおさめた二つの理論——マクロの時空を記述する一般相対性理論と、重力以外の三つの力を統合する量子力学——の、それぞれの成果を正しく取りこんでいることが、超ひも理論にはもとめられている。

超ひも理論は1984年にイギリスのマイケル・グリーンとアメリカのジョン・シュワルツが発表した論文が出発点になっているが、その後の研究で、一般相対性理論とゲージ理論で予測される四つの力（重力相互作用と三つのゲージ相互作用）が正確に取りこまれていることが明らかにされた。ひもの異なる運動状態から、物質粒子がみちびかれることもわかっている。未完成の超ひも理論ではあるが、究極の宇宙理論としての好ましい性質が備わっているようだ。

いずれにせよ、ミクロの世界で重力を統一するためには、一般相対性理論の量子化は避けられない。それが達成されたとき、かつてアインシュタインがニュートンに詫びたように、かれもまた、後代の物理学者から詫び状をもらうことになるのかもしれない。

*

統一理論や大統一理論が明らかにした力の進化のシナリオを、まとめておこう。そこでは真空の相転移とよばれる現象が、大きな役割をはたす。宇宙は、つごう4回の「真空の相転移」によって、現代の物質世界へと進化してきたのだ。

相転移により対称性がどのように変わるかを、身近な「水の相転移」で見てみよう。水は100℃以上では水蒸気になっている。水蒸気は、水の分子がランダムに運動している状態だ。このとき水蒸気は、空間の特別な方向を選んでいないのだから「高い対称性をもっている」ということができる。温度を下げていくと、液体の水をへて、0℃以下では固体の氷となり、きれいな六角形の結晶構造があらわれる。この六角形の結晶は、中心軸のまわりに60度回転すればもとの形にもどるが、それ以外の軸については対称性はあらわれない。つまり、結晶では回転対称の中心軸だけが特別な役割をもっており、その意味で、空間の対称性が破れたことになる。水が分子構造（H_2O）を保ったまま、「気体↓液体↓固体」というように性質を変えることを「相転移」とよぶ。水の相転移に見るように、温度の低下とともに、高い対称性から低い対称性への転移、すなわち単純な状態から複雑な状態への転移がおこる。

目を宇宙初期に移し、時間の流れにそって、真空の相転移を追っていこう。開闢からプランク時間（10のマイナス44乗秒）にいたるごく短時間のあいだ、超高エネルギーの宇宙には、真に一本化した原始の力があった。重力は量子化されており、10次元超ひもが飛び交う多次元宇宙である。

プランク時間が経過したとき、第1回目の真空の相転移がおこり、少しだけ対称性が低下した。ここではじめて、今日われわれが住む4次元の時空（マクロの重力）があらわれたのだ。温度が低下することで、宇宙は少しだけ複雑になる。プランク時間の直後には、なお三つの力は統一したまま残っているが、この世界は、大統一理論によって理解することができる。

第2回目の真空の相転移は「10のマイナス36乗秒」でおこり、強い力が分岐した。このとき、真空のエネルギーは10の15乗GeVで、これから3回目の相転移までのあいだ、電磁力と弱い力が統一された、いわゆる統一理論の世界がつづく。

開闢から「10のマイナス11乗秒」後、エネルギー100GeVのとき、第3回目の真空の

4回の真空の相転移と力の進化

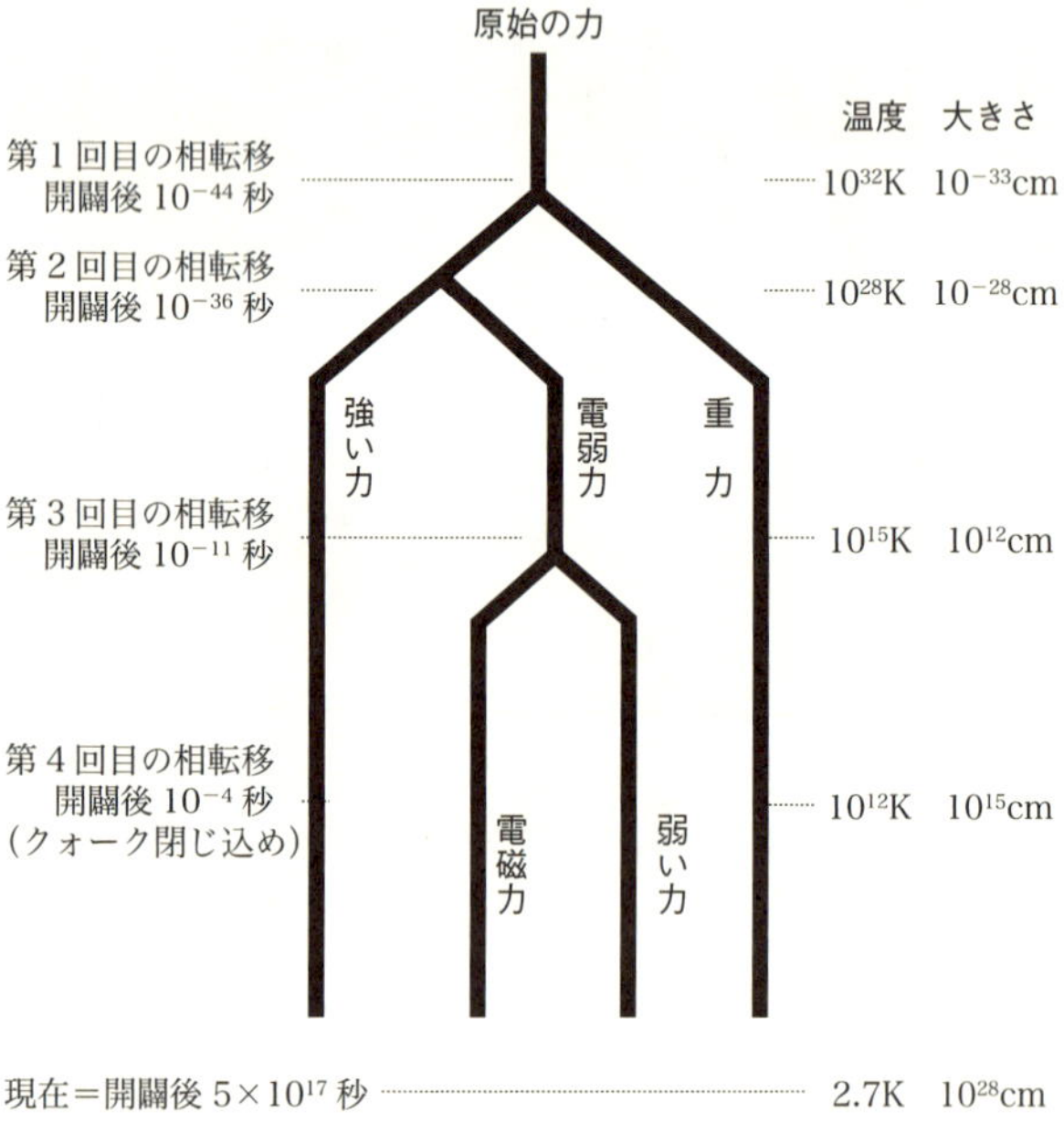

最初期の高温の宇宙ではクォークとグルーオンは自由に動き回り、生成と消滅をくりかえしていた。しかし宇宙が膨張して温度が下がるとクォークの熱運動は衰え、強い力に束縛されるようになる。4回目の相転移によってクォークとグルーオンは結合してハドロンのなかに閉じ込められてしまった。

相転移がおこり、四つの力がでそろった。3回の相転移を通して真空の対称性が破れて（低下して）いくが、対称性はでたらめに破れたのではないことに注意しよう。ヒッグス機構がはたらき、対称性の自発的破れがおこったのだ。

その後、開闢から「10のマイナス4乗秒」が経過したとき、第4回目の相転移がおきた。それまで自由に運動していたクォークが3個ずつ、あるいは2個ずつ（クォークと反クォーク）束ねられ、ハドロンのなかに閉じこめられた。

今日みる物質の世界を構成する基本的な要素、すなわち素粒子は、開闢から1万分の1秒までに用意され、こののち宇宙開闢3分後ごろまでに、ヘリウム、リチウムなど数種類の軽い元素の原子核が生成された。開闢から40万年ほどたつと、自由に飛びまわっていた電子は原子核に捕らえられて原子をつくり、原子はたがいに結合して分子をつくる。温度が低下することで、宇宙のなかに複雑な構造がつくられていったのである。

VI－8｜ブラックホール

アインシュタインの統一場理論の発想が、その後どのように発展してきたかを概観してきた。統一理論にはじまり、大統一理論から超ひも理論にいたる基本法則探究の取りくみは、たんに物質の究極像を明らかにしたばかりでなく、開闢時代の宇宙を解きあかす道をひらくことにもなった。一般相対性理論は、ミクロの世界では「量子化」という運命をまぬがれないが、マクロの世界ではあいかわらず主役を演じつづけている。現代宇宙論の基本法則ともいえるアインシュタイン方程式を、もういちど復習しておこう。

$$R_{\mu\nu}-\frac{1}{2}g_{\mu\nu}R=-\frac{8\pi G}{c^4}T_{\mu\nu}$$

《$g_{\mu\nu}$》は重力場をあらわす計量テンソル、《$R_{\mu\nu}$》は時空の形状をあらわすリッチ・テンソル、《$T_{\mu\nu}$》はエネルギー・運動量テンソルである。しかしこの方程式があたえられたからといって、すぐさま具体的な解答がえられるわけではなく、さまざまなケースにあてはめて方程式を解く必要がある。重力場の方程式を解くことは、一定の状況下で方程式を満たす計量テンソル《$g_{\mu\nu}$》を決定することを意味しており、たとえば弱い重力場の近似では、《T_{00}》と《g_{00}》があらわれるが、《T_{00}》は物質の質量に対応し、《g_{00}》はニュートンの重力ポテンシャルに対応する。簡単にいえば、弱い重力場の近似では、アインシュタイン方程式は、物質をあたえれば重力場が決まるというニュートンの古典的な重力場の方程式に帰着し、これは一般相対性理論がニュートン力学を包含していることを意味している。

一般の重力場について、アインシュタイン方程式を解くことは、数学的に簡単ではない。

かりにエネルギー・運動量テンソル《$T_{\mu\nu}$》があたえられ、計量テンソル《$g_{\mu\nu}$》がえられたとしても、この《$g_{\mu\nu}$》によって新たに《$T_{\mu\nu}'$》が生じ、それがまた新しい《$g_{\mu\nu}'$》を引きおこす。さらにそれが《$T_{\mu\nu}''$》を……といったぐあいに、重力場それ自体が源泉（エネルギー）となって新たな場をつくりだす、という再生産がおこる。このような性質を「非線形性」とよび、それが方程式を解くうえで困難をもたらす。

特別な条件のもとに、アインシュタイン方程式をはじめて厳密に解くことに成功したのは、ポツダム天文台長カール・シュヴァルツシルト（１８７３〜１９１６）だった。かれは静止した球状の物体（したがってその質量分布は球対称になる）を仮定し、そのまわりの重力場《$g_{\mu\nu}$》を求めた（その際、物体からじゅうぶん離れたところでは、時空は平坦なミンコフスキー時空になると仮定した）。こうしてえられたシュヴァルツシルトの解は、１９６０年代にブラックホールの理論と結びついて注目を集め、アインシュタインの場の方程式が宇宙論において、いかに重要な意味をもっているかを再認識させることになった。

１９１６年1月16日と2月24日の二度にわたり、アインシュタインは、プロイセン科学アカデミーでシュヴァルツシルトに代わって、かれの研究成果を読み上げた。第1次世界大戦のまっ最中のことで、従軍を志願したシュヴァルツシルトはロシア軍と対峙する東部戦線の塹壕《ざんごう》のなかで重力場の方程式を解いたのだ。それも発表からひと月たらずのうちに。前線から送られてきた論文を読んだアインシュタインは、〈これほどシンプルなかたちで厳密な解が導きだせるとは思ってもいませんでした〉[01]と、戦場の天文学者に最大級の賛辞を書き送っている。シュヴァルツシルトはその後ほどなく塹壕で病に倒れ、ポツダムの自宅に戻ったのち5月11日に死去した。6月29日、アインシュタインはアカデミーでシュヴァルツシルトのための記念講義を行ない、その死をいたんだ。

シュヴァルツシルトの厳密解から、シュヴァルツシルト半径という重要な結果が導かれる。これは星の質量Mによって決まる量で、ニュートンの重力定数をG、光速をcとして、

$$a=\frac{2GM}{c^2}$$

であらわされる。たとえば太陽の質量は2×10の30乗キログラムあり、したがってシュヴァルツシルト半径は3キロメートルになる。これは実際の太陽半径7×10の5乗キロメートルに較べてはるかに小さく、太陽ガス体の中心に埋もれているが、もしかりに太陽がシュヴァルツシルト半径以下までぎゅうっと押しつぶされたとすると、ブラックホールが誕生する。そのときの密度は1立方センチメートルあたり約10兆トンというとてつもない数値となる。強大な重力によってブラックホールの時空は大きく湾曲しており、光ですら外に脱出することはできない。それは外から落ちこんだすべてのものを呑み込んでしまう、まさに宇宙にあ

いた暗黒の穴なのだ。

恒星の中心では、核融合反応によって絶えずエネルギーが生産されており、それは星を膨張させる外向きの力となって、中心に向かう重力とつりあい、恒星の大きさを一定にたもつ。太陽では、陽子（水素の原子核）4個からヘリウムの原子核（陽子2個と中性子2個からなる）がつくられ、この核融合反応によって生じるエネルギーが宇宙空間に放出される。太陽はあと50億年ほど輝きつづけるが、核燃料が消費されつくすとエネルギー生産はとまり（したがって外向きの力がなくなる）、重力崩壊を起こしてどこまでも収縮し、最後には白色矮星が残る。

太陽よりも重い星では、重力崩壊による収縮がさらにすすみ、中性子星やブラックホールが生まれる。その運命を左右するのは星の質量で、太陽質量の4〜8倍ていどの星は中性子星に、これより重い星はブラックホールとなる。中性子星では強い重力のため原子が押しつぶされ、原子核の周囲をまわっていた電子は陽子と結合して中性子とニュートリノに変わってしまう。つまり物質を構成していた「電子・陽子・中性子」が、すべて中性子になるわけで、中性子どうしは強い力でひきつけあって凝集し、電子と原子核のあいだにあった広大な空間［247頁参照］は物質粒子で埋めつくされて、きわめて密度の高い星が生まれる。その重さはティースプーン1杯で数億トンにも達する。

ブラックホールの存在は、1939年にオッペンハイマーによって理論的に予言されていたものの、じっさいに発見するのは至難のわざだった。なにしろブラックホールは、光すら逃げだせない暗黒の天体だから、どんな高性能の望遠鏡をもってしても直接観測するわけにはいかないのだ。それでも天文学者は、ついにブラックホールをさがしあてた。二つの星が対になって重心のまわりを回転している天体系を連星とよぶが、そのいずれかがブラックホールであるばあいには、一方の星からブラックホールに向かって大量のガスが流れこんでいく。このときガスはきわめて高い温度に熱せられ、高エネルギーのX線を放射する。こうした〝断末魔のX線〟の観測により、はくちょう座の《Cygnus X-1》、大マゼラン星雲の《LMC X-3》といった、X線連星型のブラックホールが発見され、また近年では、銀河の中心核にも巨大なブラックホールがひそんでいることがわかってきた。これまでにM87銀河、M106銀河などでその証拠がみつかっているが、ほとんどの銀河の中心核には質量が太陽の100万倍以上もある巨大ブラックホールが存在するらしい。そこに吸収されていく物質が放出する重力エネルギーが、銀河の中心にあるこうした活動的天体のエネルギー源であると考えられている。

ブラックホールは巨大な質量をもつ星の末期の姿といえるが、恒星が誕生する以前の初期宇宙にも、じつは存在していた。ビッグバン直後の熱い宇宙には極度に圧縮された領域があり、そこでは星よりはるかに小さなブラックホールが存在していたことが予想されるという。このような「原始のブラックホール」の質量は、わずか10億トン。それに対応するシュヴァルツシルト半径は10のマイナス15乗メートルほどだから、陽子や中性子ていどの大きさの〝超ミニ・ブラックホール〟である。

一般相対性理論によれば、重力崩壊で生まれるブラックホールは、決して光を発することのない暗黒の物体だったが、このミニ・ブラックホールは量子効果によってエネルギーの低い電磁波（熱放射）を放出し、長い時間をかけて蒸発してしまう可能性のあることが１９７４年、スティーヴン・ホーキングによって明らかにされた。これをホーキング放射とよぶ。一般相対性理論が予測する高密度物質（ブラックホール）のエネルギーを、量子力学的プロセスによって解放するわけで、相対論と量子論という20世紀物理学を支えた（そして、じつは相性の悪い）２本の柱をむすびつけた、いかにも才気煥発なホーキングらしい成果といえるだろう。

VI－9　よみがえる宇宙項

重力場を記述するアインシュタイン方程式は、弱い重力場に適用すればニュートンの方程式に一致するし、これを全宇宙に適用すれば宇宙の時間的変遷を記述する「宇宙方程式」にもなりうる、いわばオールマイティな方程式だった。しかしアインシュタインは、ここから導かれる「動的な宇宙」を受け入れることができず、１９１７年に発表した論文「一般相対性理論についての宇宙論的考察」では、方程式に宇宙項を導入し、宇宙が時間的に変動することのない「静的宇宙モデル」を提案した［192頁参照］。

$$R_{\mu\nu}-\frac{1}{2}g_{\mu\nu}R+\lambda g_{\mu\nu}=\frac{8\pi G}{c^4}T_{\mu\nu}$$

右に掲げた方程式の《$\lambda g_{\mu\nu}$》が、アインシュタインをして生涯最大の失敗といわしめた宇宙項だ。宇宙に存在する物質はたがいに万有引力をおよぼしあうのだから、そのままにしておけば宇宙は収縮してつぶれてしまう。アインシュタインは、自らの強い信念にもとづき、この引力とつりあう外むきの斥力（宇宙項）を加えて、静的な宇宙モデルを創作した。しかし宇宙項を付加しても安定した宇宙はなかなか実現できず、アインシュタインは1923年には「宇宙項などお払い箱だ」とヘルマン・ワイルに書き送ることになる。そして1929年、ハッブルの膨張宇宙の発見により、宇宙項は完全に無用のものであることがわかり、永遠に葬られたはずだった。ところがその宇宙項が、このところ、息を吹き返しそうな雲ゆきなのだ。近年の宇宙論の理論的な発展と、新たに発見された観測事実がその背景にはある。

＊

アインシュタインは、宇宙を論ずるにあたり、驚くほど単純な仮定をおいた。宇宙は平均的に見ると、ほぼ一様で等方的である、という仮定だ。一様というのは、銀河の集まりのような大集団がないということ、等方的とは、どの方向を見ても同じように見えることを意味する。「宇宙原理」とよばれるこの仮定は、それ以後の宇宙モデルの基礎となってきた。

われわれの太陽が所属する天の川銀河には2000億個ほどの星がある。天の川銀河は差しわたしが約10万光年の平たい円盤状をしており、宇宙にはこうした銀河が数千億個あると考えられている。最新の観測データによれば、銀河は無秩序に散らばっているのではなく、1000個ほどが集まって「銀河団」をつくり、それらがさらに大きな「超銀河団」をかたちづくっていることがわかってきた。万里の長城になぞらえて「グレートウォール」とよばれる、何億光年にもおよぶ巨大な構造もみつかっている。

ところで、このような宇宙の構造は、じつは宇宙開闢のころから存在していたことが、最近の観測で明らかになってきた。前にものべたが、宇宙には「背景放射」とよばれる低エネルギーの光が充満している。背景放射は開闢から40万年ほどたった宇宙で発生した光で、当時は高温（3000K）だったものが、宇宙膨張にともなって温度を下げ、現在は2・7Kという低温の電磁波として観測される。いまから約140億年も前に生まれたこの背景放射は、銀河や星が生まれるはるか昔、宇宙がずっと単純であったころの名残であり、ビッグバンの残光なのだ。宇宙のあらゆる方向から同じ強度でやってくるこの背景放射は、1965

年にアーノ・ペンジアス（１９３３〜）とロバート・ウィルソン（１９３６〜）によって発見され、ビッグバン宇宙論を裏付ける最も有力な証拠と考えられている。

　１９８９年、ＮＡＳＡが打ち上げた宇宙背景放射探査衛星ＣＯＢＥ《コービー》（Cosmic Background Explorer）が、背景放射のわずかな温度ゆらぎを発見して大きな話題となった。背景放射は天空のどの方向でも一様であると考えられてきたが、じつはところによって10万分の1ほどの温度差があることが確認されたのだ。それは、開闢から40万年ほどしかたっていないごく初期の宇宙に、ある種の「構造」があったことを意味している。この温度ゆらぎをもっとくわしく調べれば、原初の宇宙に関する情報が読みとれるのではないか。こうして２００１年には探査衛星ＷＭＡＰ（Wilkinson Microwave Anisotropy Probe）が打ち上げられ、背景放射のスペクトル（エネルギー分布）をふくむ貴重なデータが収集された。データの解析から、開闢40万年後の宇宙に物質密度のゆらぎがあったこと、そしてそれが宇宙の構造を生みだすタネになったことが示された。そこでつぎなる問題は、この物質密度の非一様性の原因をさぐることだ。

　膨張宇宙論は、統一理論や大統一理論と結びついて宇宙の初期をみごとに説明してみせたが、矛盾や問題点がなかったわけではない。そのひとつが、宇宙の等方性をめぐる謎だ。１４０億光年の彼方からやってくる背景放射と、その正反対の方角からやってくる背景放射とはおどろくほど等質である。宇宙の揺籃期から光速で走りつづけてきて、出会うのはこれがはじめてのはずなのに、二つの放射はまったくおなじバックグラウンドから生まれてきたようによく似ている。つまり出発した時点で光は同じ情報を共有していたことになるが、そのためには宇宙のすべての場所にあらかじめ共通情報を配っておかねばならない。どこにそんな配信メカニズムがあったのだろうか……。1980年代はじめ、複数の理論家たちが独立に「インフレーション理論」を唱えはじめた。宇宙の最初期に時空が急激に膨張し（これをインフレーションとよぶ）、このとき解放された「真空のエネルギー」がビッグバンを引きおこしたというものだ。それは宇宙開闢から10のマイナス36乗秒後、第2回目の真空の相転移のころにおこったと、理論家たちは主張する。

相転移をおこす以前の真空は、高いエネルギー状態にあった。相転移は瞬間的におこるのではなく、ほんの短い時間、もとの状態が保持される。たとえば水が相転移によって氷になるばあい、0℃を境にして一気に水が氷になるわけではなく、0℃以下になってもしばらく液体のままの状態を保つ。これが過冷却という準安定な状態で、いずれは氷という絶対的に安定な状態に転移する。

インフレーション理論による真空の相転移はつぎのように説明される。真空の相転移にも過冷却状態があり、そこでは真空はもとの状態を保っているが、その内部には相転移で放出されるべき莫大なエネルギーが抱えこまれている。この「真空のエネルギー」が斥力となって、宇宙を急激に膨張させ、微小な量子論的ゆらぎを大きく引き伸ばした。やがて水が氷になるように、過冷却状態の真空はエネルギーを一気に解放し、光や物質を生みだして相転移を終える。これが火の玉宇宙とそれに続くビッグバン宇宙発生のメカニズムである。インフレーションをおこしたときの宇宙にはすでに量子論的ゆらぎがあり、これが開闢から40万年後の宇宙の構造的なゆらぎを引きおこし、やがて銀河団などの宇宙の大構造をつくりだすもとになった、というシナリオだ。

なるほど、これはうまい考え方だ。フリードマン・モデル［193頁参照］では導くことができなかった宇宙の誕生、銀河や銀河団の生成などの重要な現象が巧妙に説明できるではないか。しかしこの理論では、まずはじめに宇宙はインフレーションをおこさねばならない。時空を押し広げる外向きの力、そう「斥力」を必要としているのだ。

＊

インフレーション理論は「宇宙の曲率はゼロ」すなわち「宇宙は平坦である」と予言する。宇宙は、ユークリッドが思い描いた理想の幾何空間のように、まっ平らであると主張しているわけだ。宇宙の曲率は、宇宙に存在する物質・エネルギーの密度によって決まり、とくに宇宙が平坦であるときの物質・エネルギーの平均密度を「臨界密度」とよんでいる。実際の宇宙ではどうなっているのだろうか。

現在の宇宙をみたす時空は、星のごく近傍をのぞけば平坦であることがわかっている。いま星を半径1センチメートルのボールに縮めてみると、銀河系のなかでは隣りあう星と星との距離は300キロメートルほどになる。東京、仙台、名古屋、佐渡あたりの距離に1円玉サイズの星が光っている、というのが銀河系のイメージだ。つまり銀河系はほとんど隙間だらけなのであり、そして銀河系の外に出ればさらに物質のない空間が広がる。宇宙の大部分を占める、こうした星のない空間は平坦な、すなわちユークリッド的な時空になっている。

宇宙にある物質は、明るい光を放つ恒星だけではない。光を出さない物質も存在し、これを「ダークマター（暗黒物質）」と総称する。宇宙の物質・エネルギー密度を知るには、ダークマターも計算に入れなければならないのだが、遠く離れた宇宙空間のダークマターはどのように調べればいいのだろうか。なにしろダークな物質だから、銀河や恒星とちがって光は利用できない。しかしダークマターが質量をもっていれば、周囲に重力をおよぼしているはずであり、その重力は、周辺にある光る天体の運動に影響をあたえるから、そうした天体の運動を観測すればダークマターについての情報がえられるにちがいない。

例題として、わが太陽系における地球の公転運動と重力との関係を調べてみよう。地球は太陽のまわりを周期1年で公転している（厳密には楕円軌道だがここでは簡単のために円軌道として話を進める）。重要なのは、地球にはたらく引力は、太陽からの重力ばかりでなく、水星、金星など、地球軌道の内側にあるすべての物体からの影響があることだ。かりに地球の軌道半径を一定とすると、公転のスピードは重力の大きさに比例して速くなる。そして重力の大きさは、地球軌道の内側にある全質量によって決まる。つまり地球の公転運動を観測すれば、それより内側にある全質量が求められるというわけだ。

こうして求めた質量は、ほかの方法で求めた太陽の質量とほとんど一致している。もしこの質量が太陽の何倍にもなっていたとすれば、地球と太陽の間に見えない物質があることになってしまう。さいわい太陽系ではそのようなトラブルはないけれど、もっと大きなスケールでは、この問題が起きている。銀河のいろいろな場所で回転速度を測定してみると（銀河の中心付近はべつとして）、銀河の外縁部でも、そのさらに遠方でも、回転速度は変わらない。本来なら、恒星が集中している銀河の中心から離れていけば重力は弱くなり、回転運動は減速するはずなのに、そうなっていないのだ。１９６０年代以降、観測技術が進歩し、電波やX線などによってさらに遠くの銀河の運動も精度よく観測できるようになると、この傾向はますますはっきりしてきた。回転半径が大きくなっても速度が変わらないとすれば、半径とともにどこまでも質量が分布していることになる。観測データは銀河のさしわたしの５倍あたりまで、見えない質量が分布していることを支持していた。

つまり宇宙には、かなり多くのダークマターがあることが観測からわかってきたのだが、こうしたダークマターを加算しても、臨界密度にはぜんぜん足りなかった。宇宙の曲率はゼロではないのだろうか。それとも、宇宙にはまだ知られていない未知の質量（あるいは未知のエネルギー）が隠れているのだろうか。

VI-10—真空の斥力

　1998年、思いがけない大発見があった。宇宙の膨張スピードが加速している証拠がはじめて示されたのだ。数十億光年の距離にある超新星（巨大な恒星の爆発で、太陽の100億倍もの明るさで輝く現象）を注意深く観測してきたアメリカの探査チームが、超新星の光が理論の予想値よりも暗いことを見いだした。かりにこの超新星が10億年前に爆発したとしよう。時空が等速度で膨張しているとすれば、この光は10億光年の距離を走って地球にとどく。だが、もしその間に宇宙の膨張が加速していれば、超新星との距離は10億光年以上に引き伸ばされるわけだから、当然光の波長はのびるはずだ。さまざまな可能性を検討したのち、探査チームは、宇宙膨張は加速しているとの結論に達した。この発見は、アメリカの科学週刊誌「サイエンス」が毎年12月に発表している〝年間のもっとも重要な科学業績〟にも選ばれたが、宇宙の加速が、なぜそんなに大さわぎされるのだろうか。

　宇宙が膨張していることは、ほとんどの人が知っているだろう。140億年前に大爆発「ビッグバン」がおこり、そのエネルギーで宇宙はいまも広がりつづけている。いっぽう宇宙に存在する物質はたがいに引力をおよぼしあい、それは宇宙の膨張を減速させる効果をもつ。したがって、宇宙は膨張しているが、その膨張の速度は減速しつつある、というのが衆目の一致する常識的な見解だった。それが打ち破られたのだ。もし膨張が加速しているとすれば、そこには宇宙を押し広げる何らかの力もしくはエネルギーが働いていなければならないのだが、そんな力やエネルギーが宇宙に存在しようとは、誰一人として考えていなかった。いや、誰一人というのは、正確ではない。たったひとり例外がいた。宇宙項の産みの親、アインシュタインだ。

多くの科学誌やメディアが、この発見をアインシュタインの宇宙項とむすびつけて報じたのはそのためだ。アインシュタインはすぐれた物理的直観で、真空を満たすエネルギー（斥力）の存在を嗅ぎつけていたのではなかったか。宇宙項を捨てさったのは、性急なあやまちだったのではないか……。いずれにせよ、宇宙膨張の加速はべつのチームも確認しており、いまや事実として受け入れるほかなくなった。

2003年、さきにのべたWMAPの観測チームは背景放射のデータを解析し、宇宙の平均質量密度が、臨界密度にきわめて近いとの結果を発表した（観測値と理論値の比は$\Omega=1.02\pm0.02$）。大局的にみれば宇宙は平坦だったということで、インフレーション理論による「宇宙の曲率はゼロ」との予測が、実験的事実によって支持されたことになる。

WMAPの観測データからは平均質量密度のうちわけも求められたが、それによると、光っている星をふくむふつうの物質（陽子や中性子を主体とする通常の物質で、バリオン物質とよぶ）の割合はわずかに4パーセントほどであり、ダークマターはその6倍にもなる。さらにおどろくべきは、バリオン物質とダークマターをあわせても、なお全平均物質密度の27パーセントにしかならないことだ。残りの73パーセントをＮＡＳＡは「ダークエネルギー」としている。宇宙にあるべき物質・エネルギーの96パーセントは、ダークマターとダークエネルギーであり、われわれにはその正体がわかっていないことになる。

「ダークエネルギー」の正体は何なのだろう。宇宙の創成期にインフレーションをひきおこした「真空のエネルギー」と同じものなのだろうか。現在の宇宙膨張を加速させているのはこのエネルギーなのだろうか。

超新星の観測からは、宇宙膨張が恒常的に加速してきたのではないことがわかっている。現在は加速期にあるが、それ以前には膨張の減速期があったというのだ。とすると、いま膨張速度が加速しているのは、現在の宇宙が第2のインフレーション期にあることを示しているのではあるまいか。それはいつ始まりいつ終わるのか。減速から加速への転換点を特定するため、ハッブル宇宙望遠鏡はさらに多くの超新星について観測データを収集している。ＮＡＳＡは、ダークエネルギー合同ミッションＪＤＥＭ（Joint Dark Energy Mission）という野心的なプロジェクトを提案し、口径2メートルの広角宇宙望遠鏡を２０１０年ごろに打ち上げる計画をすすめている（２０１４年現在、延期となっている）。

宇宙膨張がなぜ加速しているのかはわからないけれど、それはわれわれの宇宙の将来に大きな影響をおよぼす。真空のエネルギーが一定であるか、あるいは時間とともに増加するるばあい、1000億年もすると、ほとんどの銀河は遠方に追いやられ、地球からはたかだか数百の銀河しか見えなくなるだろう。逆に、真空のエネルギー密度が減少して、物質が宇宙の主役になれば、今は見ることのできない多くの銀河が視界に入ってくることになる。いずれにせよ、真空のエネルギーは、これからの宇宙のあり方を決定する上で、大きな役割を演ずることになる。

＊

1980年代から急速に発展した宇宙の観測技術によって、より遠方の天体からの、よりかすかな信号をも検出できるようになってきた。宇宙では、遠方からの光は過去から来る光であり、われわれはいまや宇宙開闢から40万年後の宇宙から発せられた情報を解読できる。では、背景放射よりももっと古い宇宙を〝見る〟ことはできないのだろうか。

インフレーション理論は、素粒子の世界で成功をおさめた統一理論に基礎をおき、ビッグバン宇宙のクロノロジーをも合理的に説明できるモデルとして注目を集めている。ただ、もうひとつもどかしいのは、この理論を支持しているのがあくまで間接的な証拠にすぎないことだ。インフレーションの時代を直接この目で確かめられれば、理論の基礎固めができたことになり、宇宙論は大きく前進するだろう。それはインフレーションがおこったと予測される開闢から10のマイナス36乗秒後あたりの宇宙（3種の力が統合していたころ）を垣間見ることを意味しているのだが……。

そんな思惑から、インフレーションの直接的証拠をつかむための新しい提案がなされている。インフレーションの際の爆発的な宇宙の膨張によって発生した重力波を検出しようという計画だ。重力波とは、重力場の変化が波動として伝わっていくもので、電磁波が電荷の振動によって発生するように、質量分布が時間的に変化することにより発生する。アインシュタインは１９１８年に、一般相対性理論からの帰結として重力波の存在を予言したが、それはいまだに検出されていない。重力は電磁力に較べて極度に弱いので、マクロの世界でそれを観測しようとすれば、巨大な質量の急激な変化、すなわち大きな星の重力崩壊、それに伴う超新星爆発、中性子星誕生、ブラックホールによる星の捕獲やブラックホールどうしの衝突といった劇的な宇宙イベントを探すよりほかはない。

宇宙開闢の直後、インフレーションがおきた時期には、ミクロの時空のなかで重力子（グラビトン）が生成と消滅を繰り返していた（それは、電荷のまわりで光子の対生成と再吸収がおこっているのと似ている）。インフレーションで時空が爆発的に膨張すれば、生成したグラビトンは、消滅する前にたがいに引き離され、その後の宇宙空間を単独で飛び回ることになる。時空がすさまじい加速膨張をしたのだから、グラビトンの波長も長く引き伸ばされたはずだが、理論によれば、長い波長の重力波ほど強力で、その強さはインフレーション時代の宇宙の膨張に依存する。もしグラビトンの波長や強さが観測できれば、そこから、インフレーションがどのように進行したかについての直接的な情報がえられるだろう。

時空の変動によって重力波が発生するということは、裏を返せば、重力波によって時空が変化（振動）することを意味する。つまり重力波がひきおこす空間のわずかなゆがみを観測すれば、重力波を検出できることになる。かりに10億光年の彼方でブラックホールどうしが衝突したとすると、それは空間の変化率を10のマイナス21乗だけ変化させる。これは10キロメートルの長さに対して10のマイナス15乗センチメートルの変化、つまり原子ひと粒の１０００万分の1ほどの変化に相当する。こうした微弱な空間の振動を検知するため、大がかりな重力波測定装置の建設が世界で進んでいる。アメリカのレーザー干渉計重力波観測所（ＬＩＧＯ）は、ルイジアナ州リヴィングストンとワシントン州ハンフォードにある2ヵ所の観測所からなり、それぞれの施設には一辺が4キロメートルの管が2本、L字形に配備されている。管の内部には精密に研磨された鏡があり、その間をレーザー光のビームが反射しながら行き来している。このレーザービームの干渉を使えば、鏡の間に生ずるごくわずかな空間の伸縮を、10のマイナス17乗センチメートルの精度で調べることが可能になる。いっぽうＮＡＳＡとＥＳＡ（欧州宇宙機関）は、「レーザー干渉型宇宙アンテナ」を打ち上げる計画をしている。５００万キロメートル離れた三つの衛星が三角形状に広がって飛行しつつレーザービームを発射しあい、重力波がひきおこした空間の変化を検出しようという壮大な計画である。

＊

現代の宇宙物理学を概観すると、あらためてアインシュタインの並はずれた慧眼と、物理的なセンスのよさに脱帽させられる。たしかにアインシュタインは失敗もした。しかし成功も失敗もとりまぜて、かれが真摯に取り組んだ研究テーマは、21世紀を迎えても、いまだに物理学者たちの熱い目標でありつづけている。いまから100年ちかく前、現代物理学がまだ萌芽期にあった時代に、かれは統一理論や宇宙の斥力といった問題の重要性にいち早く気づいていた。将来を見通す卓越した能力と、研究に果敢に挑みつづけた気概こそ、高く評価されるべきと思う。

特殊相対性理論を発表した奇跡の年から50年後の1955年4月12日、アインシュタインは鼠径部に痛みを訴えた。気分がすぐれず、やがてからだのあちこちに激痛がはしるようになる。往診した医師は大動脈からの出血を確認したが、かれは手術を拒否し、痛みがあるにもかかわらず注射も必要ないと断った。4月15日、激しい発作がおきたためプリンストン病院に入院。小康をえたが、18日午前1時25分、大動脈瘤破裂のため、眠ったまま息を引きとった。遺言により遺体は火葬され、デラウェア川に散骨されたという。その正確な場所はおおやけにはされていない。

主要参考文献

◆アインシュタインの著作――――

01. *The Collected Papers of Albert Einstein*, ed. by John Stachel, et al. Vol. 1-9, 1987–2002, Princeton University Press（Anna Beck, et al. による英訳版＝Princeton University Press 刊がある）

02.『アインシュタイン選集 1 ―特殊相対性理論・量子論・ブラウン運動―』訳＝井上健＋谷川安孝＋中村誠太郎 1971年 共立出版

03.『アインシュタイン選集 2 ―一般相対性理論および統一場理論―』訳＝内山龍雄 1970年 共立出版

04.『アインシュタイン選集 3 ―アインシュタインとその思想―』訳＝井上健＋中村誠太郎 1972年 共立出版

05. アインシュタイン『相対性理論』訳・解説＝内山龍雄 1988年 岩波書店（1905年の論文「運動する物体の電気力学」の全訳に解説を付す）

06. アインシュタイン『特殊および一般相対性理論について』訳＝金子務 1991年 白揚社（1973年に刊行された『わが相対性理論』の改題）

07. アインシュタイン＋インフェルト『物理学はいかに創られたか 上下』訳＝石原純 1939年 岩波書店

08. アインシュタイン『晩年に想う』訳＝中村誠太郎＋南部陽一郎＋市井三郎 1971年 講談社（1950年刊の *Out of My Later Years* の翻訳）

09.『未知への旅立ち―アインシュタイン新自伝ノート―』編・訳＝金子務　1991年　小学館（1949年発表の「自伝ノート」と1955年執筆の「自伝スケッチ」の翻訳。ほかに妹マヤの手記、秘書H・デュカスの日記などを収録）
10. アルバート・アインシュタイン＋ミレヴァ・マリッチ『アインシュタイン　愛の手紙』訳＝大貫昌子　1993年　岩波書店

◆発言録／アンソロジー

11. 石原純『アインシュタイン講演録』1971年　東京図書（大正12年に改造社から刊行された『アインスタイン教授講演録』の改題）
12.『アインシュタイン　平和書簡　1〜3』編＝オットー・ネーサン＋ハインツ・ノーデン　訳＝金子敏男　1974〜1977年　みすず書房

◆評伝類

13. Ze'ev Rosenkranz, *The Einstein Scrapbook*, 2002, Johns Hopkins University Press
14. フィリップ・フランク『アインシュタイン』訳＝矢野健太郎　1951年　岩波書店
15. 矢野健太郎『アインシュタイン　人類の知的遺産68』1978年　講談社
16. L・インフェルト『アインシュタインの世界―物理学の革命―』訳＝武谷三男＋篠原正瑛　1975年　講談社
17. アブラハム・パイス『神は老獪にして…―アインシュタインの人と学問―』監訳＝西島和彦　訳＝金子務＋岡村浩＋太田忠之＋中澤宣也　1987年　産業図書
18. 杉元賢治『アインシュタイン博物館』1994年　丸善

19. デニス・ブライアン『アインシュタイン―天才が歩んだ愛すべき人生―』訳＝鈴木主税　1998年　三田出版会

20. デニス・オーヴァーバイ『アインシュタインの恋』訳＝中島健　2003年　青土社

◆相対性理論に関して

21. 内山龍雄『相対性理論』1977年　岩波書店

22. 内山龍雄『一般相対性理論』1978年　裳華房

23. 平川浩正『相対論　第2版』1986年　共立出版

24. バートランド・ラッセル『相対性理論の哲学―ラッセル、相対性理論を語る―』訳＝金子務＋佐竹誠也　1991年　白揚社（1925年刊の *The ABC of Relativity* の翻訳。1971年に刊行された『相対性理論への認識』の改題）

25. R・U・セクル＋H・シュミット『相対性理論講義』訳＝広瀬立成　1983年　東京図書

◆I章

26. ガリレオ・ガリレイ『星界の報告　他一編』訳＝山田慶児＋谷泰　1976年　岩波書店

27. リチャード・S・ウェストフォール『アイザック・ニュートン　1・2』訳＝田中一郎＋大谷隆昶　1993年　平凡社

28. ジョン・バンヴィル『ケプラーの憂鬱』訳＝高橋和久＋小熊令子　1991年　工作舎

29. 広重徹『物理学史　1・2』1968年　培風館

30. 広瀬立成『現代物理への招待　改訂版』1993年　培風館

◆Ⅱ章

31.『ポイヘンス―光についての論考他―科学の名著　第2期　10』編＝原亨吉　訳＝横山雅彦ほか　１９８９年　朝日出版社

32. *The scientific letters and papers of James Clerk Maxwell*, Vol. I ed. by P. M. Harman, 1990–, Cambridge University Press

33. Bernard Jaffe, *Michelson and the Speed of Light*, 1960, Doubleday & Company, Inc. バーナード・ヤッフェ『マイケルソンと光の速度―相対性理論への道―』訳＝藤岡由夫　１９６９年　河出書房新社

34. R. S. Shankland, The Michelson-Morley Experiment, *Scientific American*, Vol. 211 (November 1964) pp. 107–114

◆Ⅲ章

35. エルンスト・マッハ『マッハ力学―力学の批判的発展史―』訳＝伏見譲　１９６９年　講談社

36. Stephen Hawking, A brief history of relativity, *Time*, Vol. 154, No. 27, (December 31), 1999

◆Ⅳ章

37. アミール・D・アクゼル『相対論がもたらした時空の奇妙な幾何学―アインシュタインと膨張する宇宙―』訳＝林一　２００２年　早川書房

38. 寺阪英孝『19世紀の数学　幾何学1』数学の歴史Ⅷa　１９８１年／寺阪英孝＋静間良次『19世紀の数学　幾何学2』数学の歴史Ⅷb　１９８２年　共立出版

39. C・リード『ヒルベルト—現代数学の巨峰—』訳＝彌永健一　１９７２年　岩波書店
40. A. S. Eddington, *Space, Time and Gravitation: An Outline of the General Relativity Theory*, 1920, Cambridge University Press
41. Joint Eclipse Meeting of the Royal Society and the Royal Astronomical Society, 1919, November 6, *The Observatory*, Vol. 42, No. 545 (November 1919) pp. 389–398
42. Meeting of the Royal Astronomical Society, Friday, 1919, December 12, *The Observatory*, Vol. 43, No. 548 (January 1920) pp. 33–45
43. F. W. Dyson, A. S. Eddington and C. Davidson, A Determination of the Deflection of Light by the Sun's Gravitational Field, from Observations Made at the Total Eclipse of May 29, 1919, *Philosophical Transactions of the Royal Society of London, Ser. A, Physical Sciences and Engineering*, Vol. 220, 1920, pp. 291–333
44. Leo Corry, Jürgen Renn and John Stachel, Belated Decision in the Hilbert-Einstein Priority Dispute, *Science*, Vol. 278 (November 14) 1997, pp. 1270–1273
45. 金子務『アインシュタイン劇場』１９９６年　青土社
46. ジョージ・ガモフ『わが世界線＝ガモフ自伝』（ガモフ全集第13巻）訳＝鎮目恭夫　１９７１年　白揚社

◆V章

47. 金子務『アインシュタイン・ショック』（第Ⅰ部　大正日本を揺がせた四十三日間／第Ⅱ部　日本の文化と思想への衝撃）１９８１年　河出書房新社
48. Abraham Flexner, *An Autobiography*, 1960, Simon and Schuster

49. レオ・シラード『シラードの証言』訳＝伏見康治＋伏見論　1982年　みすず書房
50. 『資料　マンハッタン計画』編＝山極晃＋立花誠逸　訳＝岡田良之助　1993年　大月書店
51. 『オットー・ハーン自伝』訳＝山崎和夫　1977年　みすず書房

◆VI章

52. Breakthrough of the year: Cosmic Motion Revealed (by James Glanz), *Science*, Vol. 282 (December 18) 1998, pp. 2156–2157
53. スティーヴン・ホーキング『ホーキング、宇宙を語る―ビッグバンからブラックホールまで―』訳＝林一　1989年　早川書房（1995年に文庫化）
54. スティーヴン・ワインバーグ『新版　宇宙創成はじめの三分間』訳＝小尾信彌　1995年　ダイヤモンド社
55. シェルダン・L・グラショウ『クォークはチャーミング』訳＝藤井昭彦　1996年　紀伊國屋書店
56. 広瀬立成『入門　超ひも理論』2002年　PHP研究所
57. 佐藤勝彦「アインシュタイン人生最大の不覚」／「数理科学」2003年10月号
58. 佐藤勝彦編「別冊日経サイエンス136　宇宙論の新次元―理論と観測で迫る宇宙の謎―」2001年　日本経済新聞社

よみがえるアインシュタイン――学術文庫版へのあとがき

世界物理年以降の相対性理論に関する発展

１９０５年は、アインシュタインにとって「奇跡の年」といわれる。この年、26歳のアインシュタインは、ドイツの一流学術誌に、たてつづけに4編の論文を発表した。しかもこれらの論文はどれもが、それ以降の物理学の発展に大きな影響をあたえるものばかりである。

４編の論文のなかで、第三論文「運動する物体の電気力学」、および第四論文「物体の慣性はその物体の含むエネルギーに依存するであろうか」は特殊相対性理論の骨格をなすものである。1年間に、三つの大きな発見をするのは、まさしく「奇跡」というにふさわしい。各国の物理学会は、この奇跡の年から１００年目に当たる２００５年を「世界物理年(World Year of Physics)」として位置づけた。

この文庫本の原本（新潮社）も、「世界物理年」にあわせて出版された。そこでは、特殊相対性理論と一般相対性理論の解説に力点をおいたが、同時に、相対性理論を踏み台として発展した二つの重要な課題にも言及した。第一は「力の統一理論」であり、第二は、宇宙方程式に導入した「宇宙項」の意義である。

時代を先取りした大天才

アインシュタインが生きていた時代、知られていた基本的な力は、マクロ（巨視）の世界の重力と電磁力だけであった。アインシュタインは、人生の後半をかけて、２種の力を一本化する「統一場理論」の構築に挑戦した。

20世紀、原子・分子などミクロ（微視）の世界の研究は、皮肉にも、アインシュタインが嫌った量子力学によって発展した。アインシュタインは「神はサイコロを振らない」といって、量子力学の統計的な性質に冷ややかであったが、心ならずもそれは、かれの統一場の理論研究を迷路に追いこんだ。研究の途上アインシュタインは、指針となるべき物理法則がないことに気がつき、つぎのように語っている。「真の進歩のためには、自然からもう一度、一般法則を探し出さなければならない」と。

後の研究で明らかになったように、力の統一は、マクロの世界の力ではなく、ミクロの世界の力を対象にしなければならなかった。しかし、かれが統一場理論に取りかかったころ、ミクロの世界の力は、まだ何もわかってはいなかった。アインシュタインは、時代を先取りしすぎていたのだ。そして失敗した。

だが、アインシュタインが統一場理論に成功しなかったからといって、「力の統一」という斬新な発想までもが、過小評価されるようなことがあってはならない。

アインシュタインが提示した統一場理論と宇宙項は、アインシュタイン亡き後も、素粒子物理学と宇宙物理学の重要な課題として精力的に探究されてきた。アインシュタインの革新的な発想は、時代とともにさらに輝きを強めつつ、自然の原理とは何かを語りかけているのだ。

ここで、ニュートン以後に発展した近代科学において、基礎理論が統一されてきた道筋をみてみよう（図1）。図からわかるように、物理理論は、統一の過程を経るごとに深化してきた。ミクロの世界では、ゲージ理論の枠組みのなかで、電磁力と弱い力を一本化する「統一理論」、さらに、強い力を加えた「大統一理論」が作られてきた。この二つの理論をまとめて「標準理論」とよぶ。

ところで、今年（２０１４年）はすでに、原本を出版した世界物理年から9年の歳月が経過している。この間の実験技術の飛躍的な発展は、素粒子物理学・宇宙物理学の実験研究分野を大きく前進させ、３つの貴重な発見（対称性の破れ、宇宙の加速膨張、質量の起源についての理論的発見）をもたらし、８人のノーベル物理学賞受賞者を輩出した。すなわち

(1)２００８年：小林誠、益川敏英、南部陽一郎
(2)２０１１年：ソール・パールムッター、アダム・リース、ブライアン・シュミット
(3)２０１３年：ピーター・ヒッグス、フランソワ・アングレール

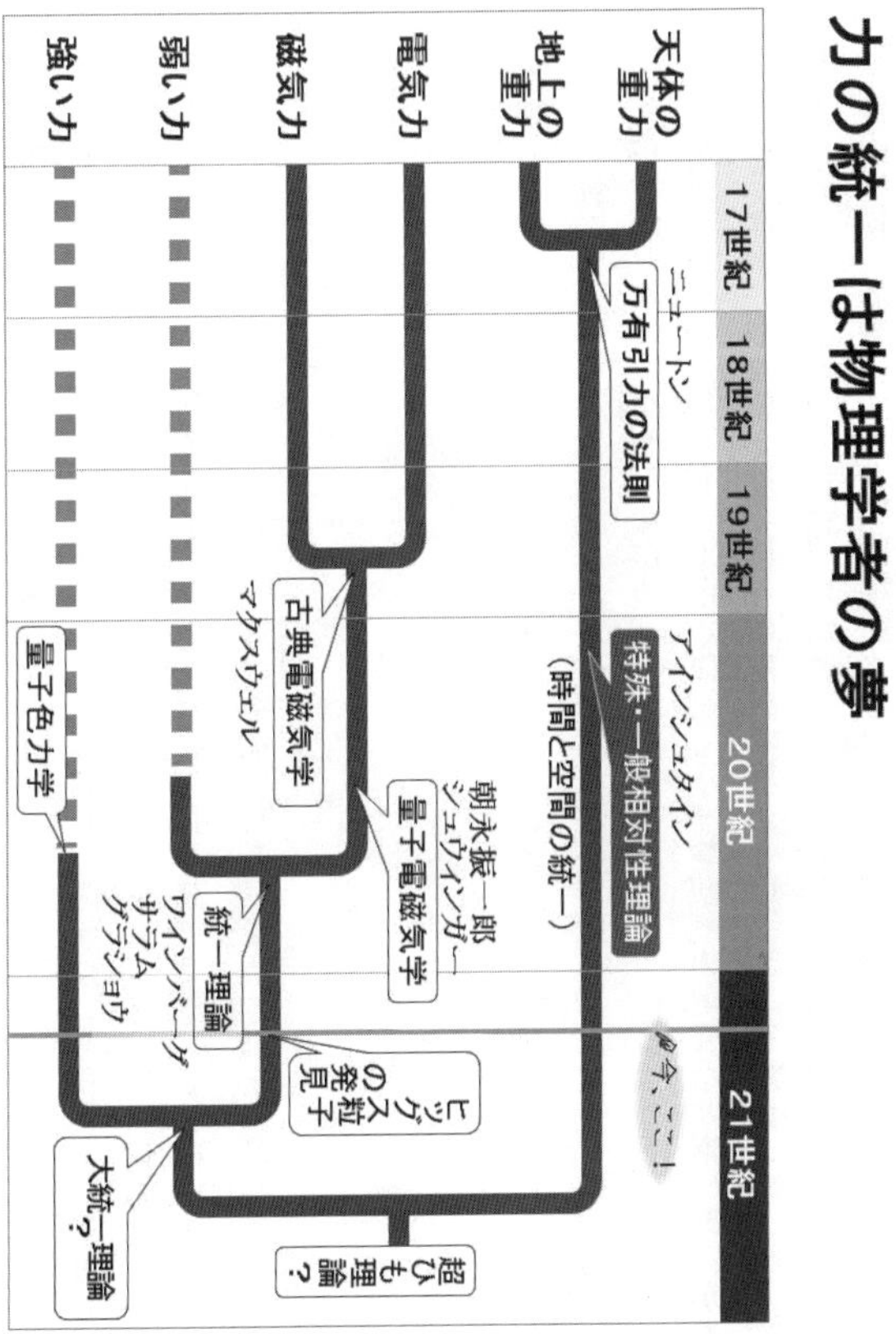
力の統一は物理学者の夢
17世紀
18世紀
19世紀
20世紀
21世紀
天体の重力
地上の重力
電気力
磁気力
弱い力
強い力
ニュートン
万有引力の法則
アインシュタイン
特殊・一般相対性理論
（時間と空間の統一）
マクスウェル
古典電磁気学
朝永振一郎
シュヴィンガー
量子電磁気学
ワインバーグ
サラム
グラショウ
統一理論
ヒッグス粒子の発見
量子色力学
大統一理論？
超ひも理論？
今、ここ！

図1　基礎理論の統一（遠藤まり子氏作成）

以下、まず、アインシュタインの研究に起源をもつ、「力の統一」と「宇宙物理学」について、ここ10年間に得られた新しい知見を示す。

もう一つ、特殊相対性理論の成果「エネルギーと質量の等価性」を用いて、最近の筆者の考察から得られた成果についても述べてみたい。新しいパラメーター「質量転化率」を導入することによって、物質循環についての重要な示唆を引き出すことができる。

これらの成果が、いずれもアインシュタインの研究に起源をもつことに注目したい。

1 力の統一理論

標準理論の検証

現代の量子力学「標準理論」の中身を見てみよう。ここで、話をわかりやすくするために、人間世界の縮図ともいうべき演劇を想定し、それとの対比を考えることにする。

演劇では、役者がセリフを交わしながら、シナリオを進める。役者は演劇の素材であり、セリフはその素材をつなぐ役割をもつ。さらに、もう一つ演劇の重要な要素に舞台があることを忘れてはならない。歌舞伎では、舞台には、本舞台とはべつに花道があり、さらには、回り舞台やセリなどの大掛かりな仕掛けがあって、歌舞伎全体を盛り上げている。

さて標準理論では、演劇の「役者」に相当するのは、物質の基本的な素材としての「6種類ずつのクォーク・レプトン」である。また、役者がセリフを交わしてたがいに関係していたように、クォークは強い力によってハドロンのなかにとじこめられ、また、レプトンの一種、電子は、原子の中心にある陽子との間に働く電磁力によって、一定半径の円軌道上を運動する。そして、演劇の舞台に相当するものが、ミクロの世界の場、「真空」である。

標準理論は、素粒子物理学における真空が、私たちがマクロの世界で経験する「何もない、空っぽの世界」ではなく、ヒッグス粒子が詰まっていることを予測する。このような真空を前提にして、質量獲得のしくみ「ヒッグス・メカニズム」が考えられている。

137億年前、誕生したころの宇宙は、高温度（高エネルギー）の火の玉であった。そこでは、クォーク・レプトン、ゲージ粒子、ヒッグス粒子など、すべての粒子は、質量ゼロで光の速度で飛び回っていた。宇宙が膨張し冷えてくると、真空の相転移が起こって、ヒッグス粒子が真空中に析出した。

このような相転移の抽象的なしくみを、「水の相転移」という身の回りに起こる現象で実感してみよう。

水分子（H_2O）は水素原子2個と酸素原子1個からなる。気圧を1気圧に保ったまま温度を下げていくと、100℃以上では気体（水蒸気）であるが、100℃で相転移をおこして液体になる。0℃になると、さらに液体から固体（氷）に相転移する。水蒸気、液体の水、氷の分子は、いずれもH_2Oであるが、三つの状態（気体、液体、固体）では、分子の結合状態が異なる。

水蒸気のとき水分子は、バラバラの方向に運動していて、空間の方向を選ばないから対称性がもっとも高い。一方、0℃以下の氷では、水分子が結合（水素結合）して、きれいな六角形の結晶を作っている。結晶は特定の軸（結晶軸）のまわりの回転に対してだけ対称であるから、水蒸気にくらべて対称性が低いということになる。

水蒸気の質量は非常に小さいが、100℃の相転移で液体の水、0℃で固体の氷に凝縮するとき、対称性が破れ、急に重くなる（1立方センチメートルで約1グラム）。このように、温度が下がり相転移がおこると対称性が破れ質量が発生する。

素粒子物理学で問題にするのは、水の相転移とはちがって、「ゲージ対称性」とよぶ抽象的な対称性である。素粒子理論の基礎となるマクスウェルの電磁理論では、電磁波の質量がゼロであり、ゲージ対称性は厳密に成り立っている。このように、ゲージ対称性を出発点とする素粒子理論では、素粒子は質量をもつことができない。ゲージ対称性を維持しながら、素粒子の質量を生成するためには、矛盾のない新しいしくみを考えなければならないのだ。

宇宙初期、真空の相転移がおこった時間は、開闢後10^{-11}秒ほどたったときであるが、これより前の宇宙では高いゲージ対称性が成り立っていて、素粒子の質量はゼロであった（水蒸気を思い出そう）。真空の温度が低下して相転移がおこると、対称性が破れ、ヒッグス粒子が質量を獲得した。つまり、水蒸気が液体の水に凝縮するように、ヒッグス粒子が真空中に析出したのである。相転移がおこったときの宇宙は、ヒッグス粒子の質量に相当するエネルギー（約100GeV）をもっていたが、それを温度に焼き直すと約10^{15}K（絶対温度で1000兆度）になる。

いったんヒッグス粒子が真空中に現れると、クォーク・レプトン、ゲージ粒子などの素粒子は、ヒッグス粒子とぶつかり、抵抗を受けて光の速度では走れなくなった。つまり、素粒子が質量を獲得したのである。動きやすさ（動きにくさ）は、素粒子が真空から受ける抵抗、すなわち素粒子とヒッグス場の相互作用の大きさによって決まる。こうして、素粒子は、ヒッグス粒子との相互作用の強さに応じて質量をもつようになる。光の粒「光子」などはヒッグス粒子と相互作用しないため、いまでも質量がゼロのままで光速で飛んでいる。

ヒッグス粒子の発見

標準理論は、物質の基本的な素材（クォーク・レプトン）と3種の力（三つのゲージ粒子）、そして、前にのべたヒッグス・メカニズムを取り込んで作られている。この理論は、これまで、素粒子が関係するあらゆる実験事実をみごとに説明するすばらしい理論であるが、一つだけ泣き所があった。

それは（ヒッグス粒子が発見されるまでは）標準理論のなかにヒッグス粒子が仮定されていたことだ。ものごとの根本を解明する物理理論は、だれもが納得する基本原則から演繹的に作られるべきもので、もし理論に大きな仮定が持ち込まれていれば、それは、理論そのものの信憑性を損なうことになる。

標準理論は、「ゲージ対称性」という物理学のなかではもっとも普遍的な原理を出発点にしていて、その結果、粒子の質量はゼロでなければならない。標準理論が素粒子の基本理論となりうるためには、ゲージ対称性を満たしながら、かつ、素粒子の質量を説明できる実効性のある理論でなければならない……。この一見、虫のいい要求を成り立たせるために考え出されたのがヒッグス・メカニズムである。

すでにこれまで50年ほどの間、標準理論は、ヒッグス粒子の存在を仮定したまま、ほとんどすべての実験結果を説明してきた。残された仕事は、ヒッグス粒子を生成し、標準理論を仮説の座から引きずりおろすことだ。

ヒッグス粒子の発見という明確な目標に焦点を絞って、大型ハドロン衝突型加速器、LHC（Large Hadron Collider）がジュネーヴの郊外にある研究所、セルン（CERN：欧州合同原子核研究機関）に建設された。ハドロンとは、ギリシャ語で強粒子を意味し、陽子や中性子など「強い力」がはたらく素粒子群をしめす。

LHCは周長が27キロメートルで、山手線の長さに匹敵する巨大なもの。スイスとフランスをまたいで、深さ100メートルの地中に設置されている。加速器は二つのリングからなり、反対方向に回転する陽子の固まり（バンチとよぶ）が、4ヵ所で衝突する。陽子は、7

兆ボルトの電位差で加速され、したがって、7兆電子ボルト（7TeV）という莫大なエネルギーをもつ。このエネルギーを得た陽子の速度は、光の速さ（1秒間に30万キロメートル、地球7回り半に相当する）の99・999991パーセントに達する。

LHC実験は、つぎのような手順で進められる。

(1)高いエネルギーに加速した陽子同士を正面衝突させる。
(2)そこで解放されたエネルギーを、目的とするヒッグス粒子の質量に転化させる。
(3)衝突点の周りを覆う測定器で、発生したヒッグス粒子を観測する。

ここでも、アインシュタインがあたえた質量（m）とエネルギー（E）の関係式

$$E=mc^2$$

が利用され、陽子衝突のエネルギーが、ヒッグス粒子の質量に転化している。

14年間にわたり世界中の数千人の研究者によって建設されてきた世界最大の加速器LHC。二つのリング上の衝突点に大型の測定器、ATLAS（アトラス）が設置され、陽子・陽子衝突で発生するヒッグス粒子を待ち受けている。ヒッグス粒子の存在は、これらの測定

器で確認され、その質量は、126・5GeVと決定された。

こうして、50年前、ピーター・ヒッグスらによって提唱された「ヒッグス・メカニズム」は、実験的に検証され、標準理論は素粒子の基礎理論として確立した。2013年のノーベル物理学賞は、ピーター・ヒッグスとフランソワ・アングレールに贈られた。

標準理論を超えて

LHC実験は、一瞬ではあるが宇宙初期を地上で再現する。ヒッグス粒子は、はじめ、質量ゼロ、光速で飛び回っていたすべての素粒子に質量をあたえ、その後の宇宙のあり方を決定した。ヒッグス粒子が「神の粒子」とよばれているゆえんである。

ヒッグス粒子の発見によって、素粒子物理学は大きく飛躍したが、これで事が終わったわけではない。最近の宇宙観測が、驚くべき結果をもたらしているからだ。

宇宙の物質量は太陽のように光る星から推定できるが、それはわずかに4パーセントほどにしかならず、残りは、自力では光を発生しない物質「ダークマター（暗黒物質）」が22パーセント、真空のエネルギー（ダークエネルギー）が74パーセントも存在する、というのである。

暗黒物質は、暗黒素粒子とでもよぶべき基本粒子で構成されているのではないか……。最近、素粒子物理学者たちはこう考えるようになった。実際、ヒッグス粒子の発見によって標準理論が確立したものの、これまでの実験結果のなかには、標準理論に修正を迫るような現象が見えはじめている。

この暗黒素粒子を取り込んだ理論は、「超対称性理論」とよばれ、標準理論が記述する「力の大統一」をさらに一歩前進させたものである。それは、物質の素材としてのクォーク・レプトンと、それらに力をおよぼすゲージ粒子の統一をめざしている。この理論は、新しい素粒子「超対称性粒子」が安定した存在であること、したがって、宇宙初期につくられた超対称性粒子が、暗黒物質として現在の宇宙にも存在しうることを予測する。

今後、ＬＨＣはさらにエネルギーを上げ、超対称性粒子の発見をめざすことになる。基礎理論の統一が着々と進んでいくありさまを、アインシュタインはどう感じているだろうか。

2　宇宙物理学の発展

宇宙項は甦るか

宇宙には、銀河などの物質が満ちている。物質によって発生する重力は引力をおよぼす。「このままでは、宇宙は減速しつつ、やがて消滅してしまう。何とかしなければならぬ」

こうつぶやいてアインシュタインは、一般相対性理論から正しく導かれた宇宙方程式に、宇宙項を付け加えて、宇宙の減速を止めようと考えた。アインシュタインの信念によれば、宇宙は永遠に変わらないものでなければならなかった。

宇宙項は、重力に反発する力「反重力」をあらわすから、宇宙項を取り込めば、反重力が重力と釣り合って、収縮も膨張もしない永遠不滅の宇宙ができあがる、というわけだ。こうして1917年、「静的宇宙モデル」が誕生した。

しかし、アインシュタインの得意顔は、長続きしなかった。1929年、エドウィン・ハッブルが時間とともに大きくなる宇宙「膨張宇宙」を発見したからだ。

遠ざかる音源からの音は、音の波が引き伸ばされることによって、低い音になる。ドップラー効果とよばれるこの現象は、光についてもおこりうる。例えば、地球から見て遠ざかる星は、その星の速度に対応して、光の波長を伸ばす。これは、星からの光の波が引き伸ばされて赤い光に移動することであるから「赤方偏移」とよばれる。

ハッブルは、当時世界最大の望遠鏡「2・5メートル・フッカー望遠鏡」を用いて、遠方にある星の集団「銀河」の光に「赤方偏移」が見られること、しかも、「赤方偏移」の量は、遠方の銀河ほど大きいことを発見した。これは「ハッブルの法則」とよばれている。

この現象は、銀河を出た光が地球に届くまでに、空間自体が伸びて光の波が引き伸ばされること、すなわち、宇宙の膨張を示している。

ハッブルのこの発見は、宇宙項の導入を「生涯最大の過ち」といって、アインシュタインを嘆かせることになった。

者である。

しかし、天才の失敗は、成功を見通しているのだろうか？

近年、古い膨張宇宙論の雲行きが怪しくなってきた。最近の宇宙観測の結果は、アインシュタインが導入した宇宙項の存在を示唆しているのだ。その火付け役は、3人の宇宙物理学者である。

アメリカのソール・パールムッター、アダム・リース、オーストラリアのブライアン・シュミットは、宇宙の加速膨張を発見し、2011年ノーベル物理学賞を獲得した。

一方、宇宙の加速膨張は、アインシュタインの宇宙項で説明できるらしいことが、わかってきた。宇宙項は、反重力の作用をもち、宇宙の加速膨張の原因になりうるからだ。しかし、宇宙項が表すダーク（暗黒）エネルギーの正体が何であるかについては、理論的な解明がなされているわけではない。「量子的真空のエネルギー」かもしれないし、まったく新しく予想外のものであることもありうる。暗黒エネルギーの研究から、宇宙に存在するあらゆる力と粒子をひとつの理論のもとに統合しようというアインシュタインの願望がかなうかもしれない。

1世紀ほど前、アインシュタインに、「生涯最大の過ち」といわしめた宇宙項。天才の将来展望の能力は、たとえそれが過ちであっても、その奥に真理を包含しているのだろうか。

重力波の検出に向けて

アインシュタインは、一般相対性理論を発表した2年後に、重力波の存在を発表した。重力によって時間・空間は歪み、逆に、時間・空間が変動すれば重力が発生する。重力波は、時間・空間の揺れ、というわけである。

重力波はきわめて弱いため、高密度で大質量の物体が動かないと観測はむずかしい。ブラックホールの形成・合体、非対称な超新星爆発、中性子星パルサーの合体など、時間・空間の大変動がおこるとき、変動の大きさに相当する重力波が発生する。パルサー（pulsar）は、パルス状の可視光線、電波、X線を発生する天体で、超新星爆発後に残った中性子星がその正体。現在、約1600個が確認されている。1974年、連星パルサーの公転周期の変化から、重力波の存在が間接的に確認されたが、まだ直接的な検出には成功していない。

重力波の直接観測は、現在の一般相対性理論研究の大きな柱の一つであり、巨大なレーザー干渉計による重力波望遠鏡の建設が、日本、アメリカ、欧州を中心として進められている。なにしろ、重力波発生源としての超新星爆発や中性子星の合体はめったにおこらない現象であるから、より広範囲の宇宙を観測し、そこにある重力波発生源をとらえることが重要になる。また、重力波発生源が遠くなれば、重力波の信号も弱くなるので、重力波望遠鏡の感度を高めなければならない。

これまでの世界の実験装置では、6000万光年の距離までの重力波発生源（ブラックホールなど）をとらえることができるが、それは150年に1回、重力波を観測できることに相当する。これでは、よほど運がよくないかぎり、一人の研究者が生きている間に重力波を観測することはむずかしい。

現在世界で建設中の重力波望遠鏡は、観測できる距離を7億光年までのばし感度をさらに10倍向上させることで、人類初の重力波の検出、および、1年に数回の重力波イベントの観測が可能になる。

日本では「大型低温重力波望遠鏡」（通称KAGRA）の建設が、岐阜県飛驒市神岡町池の山の中腹（海抜1368メートル）で進められている。KAGRAの実験施設は、山腹に掘削した直径4メートル、一辺の長さ3キロメートルのL字型トンネル内に設置される。2方向に飛ぶレーザー光の干渉により、重力波の飛来による微小な時間・空間の歪みを検出する。天国のアインシュタインも、重力波が検出される日を、首を長くして待っているにちがいない。

3　質量転化率とは何か――質量とエネルギーの等価性

エネルギーと質量

奇跡の年、1905年に発表された4編の論文のうち、最後の論文「物体の慣性はその物体の含むエネルギーに依存するであろうか」で、アインシュタインは、エネルギーEと質量mの比例則

$E=mc^2$（cは光速）

をはじめて明らかにした。これは「世界一簡単で、世界一有名な方程式」といわれる。

物体の運動やエネルギーを表す物理法則は、「距離、時間、質量」という3種の基本量で表すことができる。特殊相対性理論によれば、これらの基本量は一定不変ではなく、観測者の運動状態によって変化する。特筆すべきことは、物体のエネルギーが、mc^2であたえられることで、このことは、物体が静止しているか運動しているかにかかわらず、エネルギー(mc^2)をもつことを意味する。質量mは物体の運動状態によってかわりうるが、以下でのべるように、化石資源を燃やしてエネルギーを発生させる場合には、mは静止した化石資源の質量になる。

このように、質量とエネルギーは、光速の2乗、c^2を介して一方から他方に転化するので、「質量とエネルギーは等価である」ということができる。

今日私たちは、自動車、テレビ、冷蔵庫、暖房施設などで、莫大なエネルギーを使っている。$E=mc^2$は、エネルギーEを生みだすためには、かならず投入する資源の質量mの消費（質量のエネルギーへの転化）が必要なことを示している。質量は物質に付随したものであり、その物質とは石油やウランなどのエネルギー資源である。これらの資源からエネルギーを引きだすために、化学反応や原子核反応を利用して、資源の質量をエネルギーに転化させなければならない。

$E=mc^2$の右辺には、光速の2乗（c^2）がかかっている。光速cは、1秒間に30万キロメートル、すなわち、3億メートルを走るが、それは地球7回り半の距離に相当する大きな数値だ。それを2乗すること、すなわち3億メートルを掛け合わせることは、9万の1兆倍（9×10^{16}）という莫大な数になる。

言葉を換えれば、ある量のエネルギーEを生産するためには、ごくわずかな質量mの消費でこと足りることを示している。ちなみに、1グラムの質量をすべてエネルギーに転化すると、満席のボーイング777が、東京―札幌間を124往復できることになるが、それができれば、人類は永遠にエネルギーに困ることはないだろう。

しかしながら、そのようなことができないのは明白である。投入した資源が、エネルギーに転化する割合は決まっているからだ。

質量転化率は語る

エネルギーを生成するためには、「燃焼」のような化学反応、あるいは「核分裂」のような原子核反応などの特別なしくみを利用するが、それらの反応過程では、投入した資源がエネルギーに転化する割合は決まっている。以下では、質量がエネルギーに転化する割合を

「質量転化率」とよぶことにしよう。

身近におこっている化学反応としての燃焼を調べながら、質量転化率を計算してみよう。もっともふつうに行なわれている燃焼反応は、炭素Cが酸素O_2と反応して炭酸ガスCO_2と熱を放出することである。炭素1グラム（g）を燃やすときの発熱量は8キロカロリー(kcal)だから、この発熱反応の化学式はつぎのように書くことができる。

$$C + O_2 \rightarrow CO_2 + 8キロカロリー$$

そこで、アインシュタインの法則「質量とエネルギーの等価性、$E=mc^2$」をもちいて、熱量「8キロカロリー」に相当する質量mを見積もってみよう。

1カロリーは、エネルギーに換算すると4・2ジュールになるので、

$$m=4\times10^{-10} グラム$$

が得られる。これは投入した炭素（炭）1グラムの100億分の4という微少な量である。つまり「炭素の燃焼では、投入した炭素質量の〝約100億分の4〟が、エネルギーに転化した」のである。

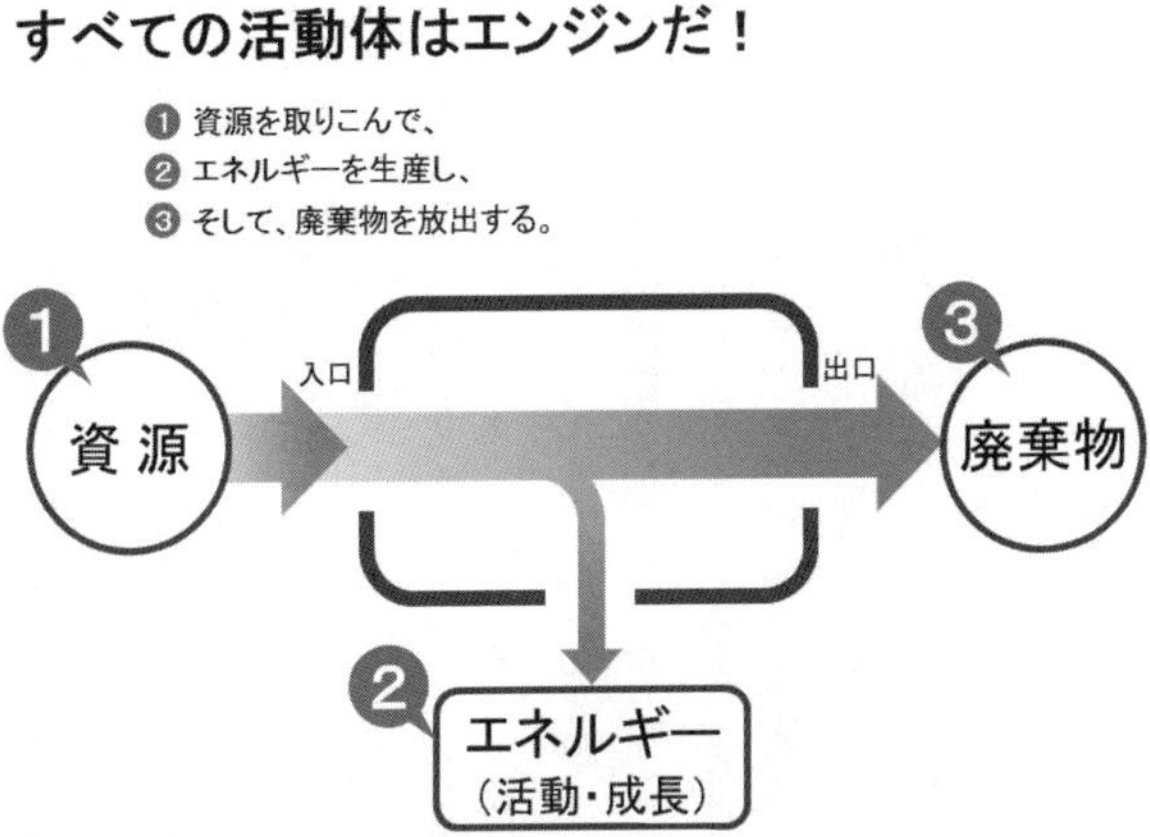

図2　一般エンジンの仕組み（遠藤まり子氏作成）

つまり、終状態（CO_2）の質量は、始状態（$C+O_2$）の質量より、100億分の4だけ軽いことになる。この値が燃焼の「質量転化率」をあらわす。

質量転化率（100億分の4）は、超微少な量であるからといって、無視することはできない。なぜなら、私たちは、石油の燃焼によって100億分の4のエネルギーを生産し、それによって社会生活を維持しているからだ。この仕組みにこそ、持続性とは何かを考える本質が潜んでいる、ということができるのである。

一般エンジン

ここで議論をわかりやすくするために、アインシュタインが相対性理論のなかで用いた仮想実験の手法を利用しよう。物質とエネルギーの流れに注目して、「一般エンジン」のモデルを考えるのである。図2に示すように、一般エンジンは、「資源を取りこんで、エネルギーを生産し、廃棄物（ごみ）を放出する」という活動体の基本的な働きを浮かび上がらせている。

たとえば、自動車の場合には、入口から資源としてのガソリンを取りこみ、その質量の一部をエネルギーに転化しつつ、出口からは排気ガスというごみを放出する。われわれは、とかく一般エンジンの入口に注目し、出口の役割を忘れがちだが、出口がなければ一般エンジンは動きつづけることができない。自動車のエンジンでも排気ガスの出口をふさいでしまったら、とたんにエンジンは停止する。むしろ、出口からいかに効率よく排気ガスを放出するかが、エンジンの性能を左右するといっても過言ではない。また、人間でも、便秘は大変苦しいし、腎臓の機能が損なわれたりすると、命取りになりかねない。

ここでは、燃焼の一般的な仕組みを想定しているが、一般エンジンのモデルは、火力発電、原子力発電などの産業活動、さらには、生命活動をもふくむ、すべての活動体の仕組みを理解するために使うことができるのである。

現在、人類が直面している最大の課題は、いかにして持続社会を創造するかということであるが、その実現は、一般エンジンがいつまでも動きつづける仕組みを見つけることにほかならない。

質量転化率とエネルギー効率

今日、人間がもっとも多くのエネルギーを生産しているのは、石油の燃焼からである。しかし、その「質量転化率」はわずかに100億分の4で、私たちの文明がこのような超微少な値に支えられているかと思うと愕然とする。

たしかに、質量転化率は、あまりにも微少で、日常感覚ではとらえにくいかもしれない。今日巷で行なわれているエネルギーの議論は、もとの物質（資源としての石油）まで立ち返らないで、燃やした後に発生するエネルギーだけを問題にしている。新聞では石油価格の変動などが神経質に報道されるが、私たちの生活が「質量転化率100億分の4」という細い糸にぶら下がって成り立っていることは知らされていない。この糸の太さは、質量転化率として決まっており、いかに天才アインシュタインといっても、この値をかってに変えることはできない。

そもそも私たちは、これまで出口の意味を真剣に考えてこなかった。100億単位の資源（石油）を投入すると、そのうちの4単位だけがエネルギーの発生に使われ、残りの99億9999万9996単位は、ごみとして廃棄されているという事実にはまったく無頓着であった。この数値が、特殊相対性理論の $E=mc^2$ から導かれることは先に見た通りであるが、アインシュタインの法則は、石油の燃焼ばかりではなく、すべての化学反応および原子核反応（核分裂、核融合）にあてはまる一般的な法則だ。

資源の枯渇や温暖化が喫緊の課題になってきている現在、「まずエネルギーありき」では、持続性の本質を見失うことになる。これからの地球環境がいかにあるべきかを考えるためには、一般エンジンの全体に目を向けて考える必要があるのだ。

いまかりに、あの巨大な東京ドームに、石油が詰められたとしよう。5万5000人が収容できる巨大なドームの容積は、124万立方メートルあり、石油の比重を0・9とすると、東京ドームには、112万トンの石油が詰められることになる。ちょっと物騒な話だが、このドームが大火災をおこし、そこに詰まっている石油が全部燃えたとすると、112万トンの100億分の4の質量が失われて熱エネルギーになる。これはおよそ0・5キログラムとなるが、これ以外のほとんどの質量は煙に化けて大気中に拡散する。

東京ドームの火災などというありえない事件を想定したが、火力発電所や産業界では、毎日それ以上に大量の石油を燃やし、その熱で電気が作られている。ちなみに、2005年度の日本の石油消費量は2億8000万キロリットルで、東京ドーム226個分となる。世界の石油消費量は、日本の20倍だから、年間ドーム4000個分、一日あたりドーム10個分を超す石油が燃やされている。このような莫大な量の排気ガスが利用価値のない温暖化ガスとして、たえず大気中に蓄積されていくのでは、いくら地球が広いとはいえ、温暖化や大気汚染が問題になるのは当たり前ということになる。

　ここで、よく問題になる「エネルギー効率」の意味を考えてみよう。

　一般にエネルギー効率は、「投入したエネルギーと回収（利用）できるエネルギーの比」として説明される。このことの意味を、火力発電を例にとり、具体的に考えてみよう。

　火力発電では、まず石油や石炭を燃やして熱エネルギーを発生させる。これまで、たびたびふれてきたように、燃焼の質量転化率、100億分の4がエネルギーに転化する。火力発電所には、赤と白の帯状に塗りわけられた高い煙突があるが、驚くべきことに、そこから石油のほとんど、99・9999996パーセントが、燃えかす（主としてCO_2）として大気中に放出されるのだ。

　発生した熱エネルギーは、原動機によって機械エネルギーに変えられる。原動機とは、ボイラーと蒸気タービンの組み合わせから成り立っている。ボイラー内の水は、石油の燃焼で得た熱エネルギーによって、高温・高圧の水蒸気になり、蒸気タービンの羽根車を回す。こうして、熱エネルギーが機械的エネルギーに変えられる。さらに、蒸気タービンには、発電機が連結されており、電気エネルギーを生みだす。

　このことからもわかるように、「熱エネルギー→機械的エネルギー→電気エネルギー」のように、異なる種類のエネルギーはたがいに転化する。

　火力発電のエネルギー効率とは、燃焼で発生する熱エネルギーのうち、どれだけの電気エネルギーが回収できるかという比率をさす。火力発電の効率は、燃料の違いや技術の進歩と

100億分の4の文明

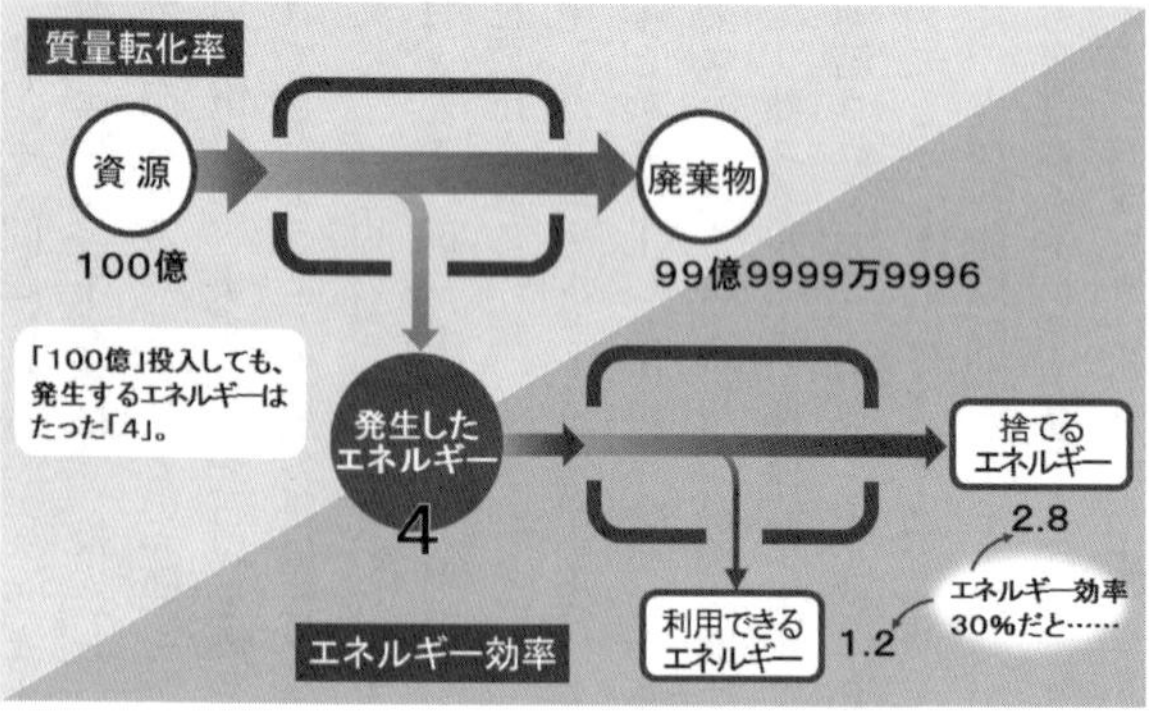

図3　質量転化率とエネルギー効率（遠藤まり子氏作成）

ともに年々よくなっていて、最近では、40パーセントを超えるまでに向上している。

火力発電に見るように、エネルギー効率の議論には、資源や廃棄物は直接かかわってこない。はじめに燃焼で得られる熱エネルギーがあたえられたものとして、原動機、タービンなどのエネルギー効率が決まってくるのである。

しかし、一般エンジンのしくみからもわかるように、質量転化率に目を向けるのではなく、発生したエネルギーを前提として、その利用効率を云々するのは、これからの持続社会を考えるうえでふさわしくない。なぜなら、一般エンジンで代表されるあらゆる活動体は、入口から資源を取りこみ出口から廃棄物を放出することによってのみ、社会とかかわり、活動することができるからである。

ことわっておくが、エネルギー効率を考えることは意味がない、といっているのではない。エネルギー効率を向上させれば、それだけ資源の節約ができるはずであり、そのような努力はなされるべきだと思う。ただし、「質量転化率」を無視して、「エネルギー効率」だけに目を奪われることは、持続性の視点を見失うことになるから要注意だ。

最後に、これまでの議論を整理するために、質量転化率とエネルギー効率の関係を図解する（図3）。100億単位の資源を燃焼する時、「質量転化率」100億分の4で、エネルギー4単位が発生する。これを「エネルギー効率30パーセント」で利用すると、最終的に、100億分の1・2単位の電気エネルギーを得る。

ここで、私たちの生活に目を向けてみよう。テレビ、冷蔵庫、冷暖房器、蛍光灯、パソコン、携帯電話……など、まさしく私たちは、電気に囲まれて生活している。だが、そのような便利な生活は、超微少な「質量転化率」の上に成り立っていることを忘れてはならない。そして、このような資源の浪費と廃棄物による環境汚染を前提とした社会が、いつまでも続くことはありえない。私たちが、享受した快楽は、将来、子孫の苦しみとなって、かならず返ってくる。

今日の浪費社会について、アインシュタインが苦言を呈しているようだ。「物理学の基本法則を破るような社会は持続的ではありえない。もう一度、$E=mc^2$ を見つめなおすべし」と。

本書の原本は、二〇〇五年に新潮社より刊行されました。

広瀬立成（ひろせ　たちしげ）

1938年愛知県生まれ。東京工業大学大学院博士課程物理学専攻修了。理学博士。専門は，素粒子物理学の実験的研究。東京都立大学名誉教授。2002年～2009年，早稲田大学・理工学術院総合研究所教授。NPO法人「町田発ゼロ・ウェイストの会」理事長。著書に『対称性とはなにか』，『朝日おとなの学びなおし！　相対性理論』，『対称性から見た物質・素粒子・宇宙』などがある。

講談社学術文庫

定価はカバーに表示してあります。

相対性《そうたいせい》理論《りろん》の一世《いつせい》紀《き》

広瀬《ひろせ》立成《たちしげ》

2014年9月10日　第1刷発行

発行者　鈴木　哲

発行所　株式会社講談社

東京都文京区音羽2-12-21 〒112-8001

電話　編集部（03）5395-3512

販売部（03）5395-5817

業務部（03）5395-3615

装　幀　蟹江征治

印　刷　株式会社廣済堂

製　本　株式会社国宝社

本文データ制作　講談社デジタル製作部

ISBN978-4-06-292256-2

「講談社学術文庫」の刊行に当たって

これは、学術をポケットに入れることをモットーとして生まれた文庫である。学術は少年の心を養い、成年の心を満たす。その学術がポケットにはいる形で、万人のものになることは、生涯教育をうたう現代の理想である。

こうした考え方は、学術を巨大な城のように見る世間の常識に反するかもしれない。また、一部の人たちからは、学術の権威をおとすものと非難されるかもしれない。しかし、それはいずれも学術の新しい在り方を解しないものといわざるをえない。

学術は、まず魔術への挑戦から始まった。やがて、いわゆる常識をつぎつぎに改めていった。学術の権威は、幾百年、幾千年にわたる、苦しい戦いの成果である。こうしてきずきあげられた城が、一見して近づきがたいものにうつるのは、そのためである。しかし、学術の権威を、その形の上だけで判断してはならない。その生成のあとをかえりみれば、その根は常に人々の生活の中にあった。学術が大きな力たりうるのはそのためであって、生活をはなれた学術は、どこにもない。

開かれた社会といわれる現代にとって、これはまったく自明である。生活と学術との間に、もし距離があるとすれば、何をおいてもこれを埋めねばならない。もしこの距離が形の上の迷信からきているとすれば、その迷信をうち破らねばならぬ。

学術文庫は、内外の迷信を打破し、学術のために新しい天地をひらく意図をもって生まれた。文庫という小さい形と、学術という壮大な城とが、完全に両立するためには、なおいくらかの時を必要とするであろう。しかし、学術をポケットにした社会が、人間の生活にとってより豊かな社会であることは、たしかである。そうした社会の実現のために、文庫の世界に新しいジャンルを加えることができれば幸いである。

一九七六年六月

野間省一